ベイズ学習とバイアス

ー自信過剰な人は得をするか？ー

山本 裕一

三菱経済研究所

はじめに

本書では，人々が model misspecification と呼ばれるバイアスを持つときにどのような行動を取るのかについて分析する．例えば，自信過剰な人の取る行動はそうでない人に比べてどう異なるのか，相手の能力や物の見方に対して偏見を持つ人の行動はどうか，などといった疑問を明らかにしていく．

本書では特に，バイアスを持つ人が（未知の経済変数に関する）情報を得る際に，その情報をどのように処理し，それがどう行動に影響を与えるかについて分析をしていく．これはまだ新しい研究分野であるため教科書などは存在せず，興味のある方が独学しようと思った場合，専門論文を読むしかない．しかしこれらの専門論文は数学的にやや複雑な議論をしており，専門のトレーニングを受けた理論家以外の方が読むのは少々ハードルが高い．実際，この分野で扱うのはいわゆる「ベイズ学習モデル」の一種なのだが，これは「経済主体の学習結果が時間を通じて確率的に（ランダムに）変化していく」というなかなか複雑な状況を考えており，分析にあたっては（確率過程の理論など）一定の数学の知識が必要となってしまう．

しかし，これらの数学的な複雑さはあくまでモデルの分析の過程で必要とされるものであり，その結果や直観にのみ興味があるのであれば，実は初等的な数学のツールのみによって十分理解することが可能である．もちろん，この分野で理論的な研究をするのであればその複雑な数学の理論に習熟することは重要であるのだが，それ以外の方々，例えばこの理論の応用を考えている方々や「近年のミクロ経済学ではどのような研究がされているのか」に興味のある方々にとってはまず，この結果や直観の部分を理解することが重要であるし，それで十分な場合も多いだろう．そのような方々にとっては，複雑な分析手法の説明について多くの紙幅が割かれている専門論文を読むことは，あまり適当ではないように思われる．

本書ではこのギャップを埋めるべく，この分野における主要な結果やその直観をなるべく初等的な数学のツールのみを用いて解説した．例えば，ベイズ学習理論においては「ベイズの公式」がその根幹を成しているのだが，本書はこのベイズの公式に不慣れな方でも読み進められるように構成したつもりである（ベイズの公式自体は本書にも登場するし，その式の解説もするが，これはあくまで議論の正確性を保証するためであり，このベイズの公式が出てくる部分を読み飛ばしていただいても内容を理解する分には全く問題はない）．本書を通じて，この分野に興味を持っていただける方が増えれば，幸いである．

本書の執筆にあたっては，東京大学大学院経済学研究科の松島斉教授，公益財団法人三菱経済研究所の滝村竜介前常務理事，ならびに杉浦純一常務理事から貴重なアドバイスと温かい励ましをいただいた．特に，杉浦氏には草稿に目を通していただき，改善のための様々なコメントをいただいた．心から感謝の意を表したい．

2021 年 1 月

山本　裕一

目　次

第 1 章　Model Misspecification とは？ …… 1
1.1　Model Misspecification と伝統的ミクロ経済学・行動経済学 …… 1
1.2　Model Misspecification と統計学・計量経済学 …… 4
1.3　Model Misspecification とミクロ経済学 …… 6
1.4　分析を始める前に：ベイズの公式・ベイズ学習理論 …… 7

第 2 章　個人の意思決定問題とバイアス …… 13
2.1　自信過剰なマネージャー：セットアップ …… 13
2.2　ベンチマーク：θ^* が既知のケース …… 14
2.3　ベイズ学習モデル …… 16
2.4　バーク・ナッシュ均衡：長期的に何が起こるか？ …… 23
2.4.1　ベイズ学習理論での古典的結果 …… 24
2.4.2　バーク・ナッシュ均衡 …… 27
2.4.3　バイアスは長期的に淘汰されるか？ …… 32
2.5　より一般的な分析に向けて …… 34
2.5.1　セットアップ …… 34
2.5.2　カルバック・ライブラー情報量 …… 37
2.5.3　バーク・ナッシュ均衡とその性質 …… 40
2.6　不安定な均衡 …… 43

第 3 章　複数の経済主体がいるケース …… 47
3.1　共同ビジネスの問題 …… 47
3.1.1　セットアップ …… 47
3.1.2　ベンチマーク：$\theta^* = 0.5$ が既知のケース …… 49
3.1.3　ベイズ学習モデル …… 52
3.1.4　バーク・ナッシュ均衡 …… 57

3.1.5　自身の能力を過小評価しているマネージャー…………… 61
3.2　戦略的状況とバイアス
～自信過剰なマネージャーは得をするか？～ ………………… 63
3.2.1　戦略的代替関係…………………………………………… 64
3.2.2　補足： 本当にヒトはナッシュ均衡戦略に従うのか？.. 68
3.2.3　バーク・ナッシュ均衡…………………………………… 71
3.2.4　バイアスのコミットメント効果………………………… 75
3.3　高次のバイアス: 相手のバイアスに関するバイアス………… 78
おわりに……………………………………………………………… 80
参考文献……………………………………………………………… 82

第 1 章　Model Misspecification とは？

1.1　Model Misspecification と伝統的ミクロ経済学・行動経済学

伝統的なミクロ経済学では，人々が

(i) 自身の置かれた状況に関する情報を正しく処理し，

(ii) その上で自身の効用を最大化する，合理的な行動を取る

という仮定を置くのが通常である．しかしながら「現実の人々は，これら伝統的な経済理論でモデル化された経済主体ほど賢くないのではないか」というのは誰もが抱く自然な疑問であり，また現実に，既存の経済理論のフレームワークでは説明しきれない様々な経済現象が存在することも知られている．それに呼応する形で発展したのが「行動経済学」と呼ばれる分野で，上記の仮定 (i) ないし (ii) を満たさないような経済主体がどのような行動を取るかについて，様々な分析がなされている．

本書で扱う model misspecification は，この行動経済学の一分野として捉えることができる．具体的には，本書では仮定 (i) のみを緩めたケース，すなわち，情報が与えられたときに経済主体がバイアスを持った処理をしてしまうようなケースを考える．これによって例えば，

- 自身の能力に関して過剰な自信（overconfidence）を持つような人々

- 同僚の能力やものの見方について偏見 (prejudice) を持つような人々
- （実際の需要関数は非線形であるにも拘らず）需要が線形であると信じているような企業
- （実際の経済は複数の fundamentals に依存しているにも拘らず）経済が一つの fundamental にのみ依存していると信じているような経済主体
- 生徒を褒めたり叱ったりすることが，次回の生徒のパフォーマンスに影響を与えると信じている教師（実際には，教師の言動はパフォーマンスに影響を与えない）
- 女子学生は男子学生に比べて数学的処理能力が劣ると信じている教師

など，様々な問題が分析可能となる．

より具体的なイメージをつかむため，新規ビジネスを始めたばかりのマネージャーを考えてみよう．このビジネスはまだ始めたばかりなので，ビジネスの真の利潤率 θ^* は未知であり，マネージャーは毎期毎期実現した売り上げ高を観察してこの利潤率 θ^* をベイズ学習していくとする．このとき伝統的な経済学・統計学では，十分時間をかければ（つまり十分多くの売り上げのサンプルを集めれば），マネージャーは利潤率 θ^* を正しく学習できる，ということが知られている．

しかし，もしこのマネージャーが自身の能力に関して自信過剰であったとするとどうであろうか？ 仮に今季の売り上げが非常に良かった場合，通常のマネージャーは「未知の利潤率 θ^* が高いから売り上げが良かったに違いない」と考える．しかしマネージャーが自信過剰な場合，「今期の売り上げが良かったのはあくまで自身の能力が高いからで，利潤率 θ^* が特別高いわけではない」という間違った解釈をしてしまう．

そして結果として，自信過剰なマネージャーは利潤率を過小評価してしまい，以降のビジネスへの投資額を減らしてしまうだろう．

ここで，このマネージャーは伝統的経済学における合理性の仮定 (ii) を依然として満たしており，自身の期待利得をキチンと最大化しようとしていることに注意されたい．しかしこのマネージャーは，自身の能力についてバイアスを持つために情報を誤って処理してしまい，その結果通常とは全く異なる行動を取ることになる．本書では，このようなバイアスを持つ個人がどのような行動を取るのかについて分析してゆく．

本書では，数学的なモデルを用いて分析を進める．読者の中には，

> なぜわざわざ数学モデルを使う必要があるのか．上記の「自信過剰なマネージャーは利潤率を過小評価してしまう」という話なども，直感的議論だけで十分理解できるし，数学のモデルを書く必要はないではないか．

と感じる方がいらっしゃるかもしれない．しかし直観的な議論というのはその論理があやふやである可能性があり，本書で扱うような複雑な問題においてそれのみに頼るのはやや危険である[1]．例えば上記のマネージャーの例でいうと,「自信過剰なマネージャーは利潤率を過小評価してしまう」という状態が本当にずっと続くのかというと，これは全く明らかではない．事実，model misspecification が存在するときのベイズ学習においては，十分長い時間をかけたとしても学習結果が収束しない，つまり「学習したい変数（この例においては，未知の利潤率）がどんな値なのかよく分からない」というあやふやな状態がずっ

[1] 我々がもし，直観的議論をするにあたって決して誤りを犯さないぐらい賢いならば，わざわざ数学的モデルを書く必要はないかもしれない．しかし現実には，筆者を含む我々の多くにとってはそれは非常に難しく，従って議論の正確性を期すためには数学モデルに頼らざるを得ないというのが実情であろう．

と続く可能性があることが知られている．このような可能性を排除して「自信過剰なマネージャーは利潤率が真の値より低いと誤って学習してしまう」ことを確認するためには，マネージャーが実際に利潤率を学習していく過程を描いた数学的モデルを書いて,「どのようなときに学習結果が収束し，どのようなときに収束しないのか」ということをしっかりと理解する必要がある（ただし，この「収束するかしないのか」という議論は数学的に本書のレベルを超えてしまうので，簡単に議論するに留めることにする）．

数学的モデルを考えることのもう一つの利点は，起こる結果をキチンと定量化できることである．例えば,「自信過剰なマネージャーは利潤率を過小評価してしまう」というだけでなく,「利潤率を真の値と比べて具体的にどれだけ低く見積もってしまうのか」ということを明らかにできる．これによって，ある経済変数が変化したときにそれがどれだけ結果に影響するか，などについて深い洞察が可能となる．そして，こうして得られた知見を直観的議論によって再解釈することで，我々の理解はさらに深まっていくのである（これは，経済学以外の研究分野においても同様であろう）．

1.2　Model Misspecification と統計学・計量経済学

もともと model misspecification という用語は，統計学・計量経済学で生まれたものである．計量経済学は，実際に観測されたデータから，複数の経済変数の間にどのような相関関係・因果関係があるかを明らかにしていく学問である．エクセルを用いた回帰分析などは多くの方が使った経験があるだろうが，この回帰分析も計量経済学で生み出された手法の一つである．

計量経済学的な手法を用いて相関関係・因果関係を推定する際には，

「正しい」モデルを設定することが重要である．例えば，ある野菜の収穫量 y が積算日照量 x_1 と気温 x_2 にどう依存しているか，

$$y = ax_1 + bx_2 \tag{1}$$

という式を用いて回帰分析で調べたとしよう．ここで a と b は，回帰分析で求まるパラメータである．しかしながら，実際の収穫量は

$$y = (x_1)^2 + x_2 + \varepsilon \tag{2}$$

によって定まるとしよう．ここで ε は確率的なノイズである．このような場合，たとえどんなに多くのデータを集めてきたとしても，(1) を用いた回帰分析をする限りは決して，$(x_1)^2$ の項を含む真の関係性 (2) を得ることはできない．このようなとき，モデル (1) は misspecify されている，という．同様に，

$$y = a(x_1)^2$$

という式を用いて回帰分析をした場合，このモデルは気温による影響を考慮しておらず，従って真の関係性 (2) を得ることはできない．これも model misspecification の一例である．

一般に（回帰分析をはじめとする）計量経済学的な手法でデータから相関関係・因果関係を推定する場合，その分析者の考えたモデルが misspecify されている可能性がゼロだと断定するのは非常に困難である．よって，仮にモデルが misspecify されているときに求められた推定量（上記の野菜の例では，パラメータ a や b）がどのような性質を持ち，どのような解釈をすべきなのかを知ることは非常に重要である．統計学においては Berk (1966) が，計量経済学においては White (1982) がこの model misspecification の問題を定式化し，以来多くの研究の蓄積がある．現在では，大学院の講義などでもよく扱われる重要なトピックである．

1.3 Model Misspecification とミクロ経済学

計量経済学における model misspecification とは，データの分析者が（現実にはそぐわない）誤ったモデルを用いてパラメータの推定をしてしまうことを言うのであった．一方，本書で扱うミクロ経済学的な枠組みにおいては，実際に行動をとる経済主体が（自身の置かれた環境に関して）誤ったモデルを用いて行動を決定してしまうことを model misspecification という．データの分析者が正しいモデルを立てられないほど複雑な経済システムにおいては，その環境に実際にいる経済主体も同様に正しいモデルを立てるのは難しいであろうというのは，非常に自然なことのように思われる．

しかしながら，このミクロ経済学的枠組みで model misspecification を考えた場合，その分析は非常に煩雑になる．先のマネージャーの例で，仮に第 1 期目の売り上げが低かったとする．するとマネージャーは未知の利潤率 θ^* が低いのではないかと考え，第 2 期における投資額を減らすであろう．これは第 2 期の売り上げに直接負の影響を与える．同様に，この第 2 期の売り上げは，第 3 期以降の投資額・売り上げに影響を及ぼす．ここから分かる通り，ミクロ経済学的枠組みにおいては（過去に起きたことに応じて）経済主体が行動を変化させるため，異時点間のデータに強い相関がある．一方計量経済学においては，異時点間のデータにそのような相関がないという仮定を置いた上で問題を分析する[2]．一般に，データ間に相関があるような問題の分析は，相関のない問題に比べて格段に複雑になることが知られている．

幸い，近年の数学的な技術の進歩により，このデータ間に強い相関のあるようなケースの分析も可能であることが分かってきた．本書では，

[2] 正確には，計量経済学においては near epoch dependence という仮定を置くのが一般的である．大まかにいうとこれは,「異時点間のデータの相関は，時間とともに（十分早いスピードで）減少していく」という仮定である．詳しくは，Gallant and White (1988) などを参照されたい．

その技術的な面について深入りはしないが，そこからどのような知見が得られたのかについて紹介していきたい．技術的な面にご興味をお持ちの方は，Heidhues, Kőszegi, and Strack (2018), Fudenberg, Romanyuk, and Strack (2017), Esponda, Pouzo, and Yamamoto (2019) などの専門論文を参照されたい．

1.4　分析を始める前に：ベイズの公式・ベイズ学習理論

本書ではバイアスを持った経済主体がベイズ学習をしていく過程を分析していくが，ここではそのベイズ学習の理論の根幹をなす「ベイズの公式」について，いくつかの具体例を用いて説明しておきたい．なお，以降の章はこの「ベイズの公式」を知らなくても大まかな話は追えるように構成されているので，興味のない方は読み飛ばしていただいて差し支えない．

「ベイズの公式」とは，ある確率的な事象について追加的な情報を得たときに，その情報をどう処理するべきかを定めた式である（より専門的な言い方をすると，いわゆる「条件付き確率」「事後確率」を求める際に使う公式である）．まずは簡単な例を用いて，ベイズの公式のアイデアを説明してみたい．

二企業が競争しているような寡占市場を考える．各企業 i の生産コストを c_i で表すことにする．この生産コストは原材料の仕入れ価格に依存しており，高コスト $(c_i = H)$ か低コスト $(c_i = L)$ か，以下の表に示された確率分布に従って決まるものとする．

	$c_2 = H$	$c_2 = L$
$c_1 = H$	40%	10%
$c_1 = L$	10%	40%

すなわち，両企業が高コスト（$c_1 = c_2 = H$）である確率は 40%，両企

業が低コスト（$c_1=c_2=L$）である確率も 40%，といった具合である．これは直観的には，両企業が共通の原材料を使っているため，そのコストに強い相関があるというような状況にあたる．

表の中央列（グレーの列）から明らかなように，企業 2 が高コストである確率は 40%＋10%＝50% である．同様に表の右列から，企業 2 が低コストである確率は 10%＋40%＝50% である．これらの確率は「事前確率」と呼ばれる．また企業 1 のコストの事前確率分布も，50% と 50% である．

それでは続いて，仮に自分が企業 2 だとして，自身が高コストである ($c_2=H$) と知ったとしよう．このとき，ライバル企業 1 が高コストである確率はどれほどだろうか？ 直観的には，両企業のコストには強い相関があるので，自分が高コストであれば，相手も同様に高コストである可能性が非常に高い．よって事前確率の 50% に比べて，高コスト $c_1=H$ である可能性をより高く評価すべきである．この「事後確率」を具体的に計算する方法を示したのがベイズの公式であり，この生産コストの例では以下のようになる．表の中央列（グレーの列）より，自身のコスト $c_2=H$ を所与としたとき，相手のコストが $c_1=H$ である可能性と $c_1=L$ である可能性の比率は，

$$40\% : 10\%$$

である．事後確率を計算する際には，この比率をとって，相手のコストが $c_1=H$ である確率は 80%，$c_1=L$ である確率は 20% であるとする．これがベイズの公式である．

より一般的には，二つの確率的な事象 A と B があって，$P(A)$ で A が起きる確率，$P(A \cap B)$ で A と B が同時に起きる確率，$P(B|A)$ で事象 A が起こったという条件の下で事象 B が起きる確率を表すことにす

ると，この条件つき確率が

$$P(B|A) = \frac{P(A \cap B)}{P(A)}$$

で求められるというのがベイズの公式である．先ほどの生産コストの例でいうと，A で「企業 2 が高コスト $c_2 = H$ である事象」，B で「企業 1 が高コスト $c_1 = H$ であるという事象」を表すとすると，企業 2 のコスト $c_2 = H$ を所与としたとき企業 1 が高コストである条件付き確率 $P(B|A)$ は，

$$P(B|A) = \frac{P(A \cap B)}{P(A)} = \frac{0.4}{0.4 + 0.1} = 0.8$$

となり，上記の議論と一致することが確認できる．

別の応用例を見てみよう．日本人のうち千人に一人，すなわち 0.1% が罹患している病気について考える．あなたがこの病気の検査をして，陽性と診断されてしまったとしよう．この検査において，偽陽性と偽陰性の確率はともに 1% だったとする．つまり，この検査をすると罹患している人に関しては 99% という非常に高い精度で陽性反応が出るし，同様に罹患していない人も 99% という高い精度で陰性反応が出る．このとき，陽性と判断されたあなたが本当に病気に罹患している確率はどれほどだろうか？

この例においては，ある人が病気に罹患していてかつ陽性となる確率は，$0.1\% \times 99\% = 0.099\%$ である．一方，ある人が病気に罹患していないのに陽性となる確率は，$99.9\% \times 1\% = 0.999\%$ である．その他の確率についても同様に計算してまとめたものが，以下の表である．

	陽性	陰性
罹患している	0.099%	0.001%
罹患していない	0.999%	98.901%

表のグレーの列より，自身が陽性であるとすると，病気に罹患している確率としていない確率の比率は，

$$0.099\,\% : 0.999\,\%$$

である．よって病気に罹患している事後確率は，この比をとって

$$\frac{0.00099}{0.00099+0.00999} \approx 0.09 = 9\,\%$$

であり，陽性であっても実際に罹患している可能性はまだ 10% 以下であることが分かる．

このようなケースでは，セカンドオピニオンを聞くなどをして情報の精度を高くすることが重要である．例えば，偽陽性・偽陰性が同様に 1% であるような二次検査をした場合，以下のような表を得る．

	一次検査も二次検査も陽性	その他
罹患している	0.09801％	0.00199％
罹患していない	0.00999％	99.89001％

よって，もし一次検査も二次検査も陽性であった場合，実際に病気に罹患している事後確率は

$$\frac{0.0009801}{0.0009801+0.0000999} \approx 0.91 = 91\,\%$$

となり，かなり高い可能性で罹患してしまっていることが分かるだろう.「精度の高い情報が欲しいときには，検査（サンプル）の数を増やしてやれば良さそうだ」というのは非常に自然なアイデアであるが，ベイズの公式を使うことでこの直観が実際に正しいことが確認でき，また，サンプルを増やしたときにどれだけ情報の精度が増すか，定量的に理解することができるのである．

最後に,「モンティホールの問題」と呼ばれる，統計学で有名な問題

を考えてみよう．

あるテレビ番組で，プレーヤーの前に閉じた 3 つのドアがある．1 つのドアの後ろには景品の新車があるが，2 つのドアはハズレで開けてもカラである．プレーヤーは新車のドアを当てると新車がもらえる．プレーヤーが 1 つのドアを選択した後，司会が残りのドアのうちハズレのドアを開けてカラであることを見せる（ここで司会はどのドアがハズレか知っているので，必ずハズレのドアを開けることができる）．その後プレーヤーは，最初に選んだドアを，残っている開けられていないドアに変更してもよいと言われる．ここでプレーヤーはドアを変更すべきだろうか？

結論から言うと，ドアを変更すべきである．これは直観的に理解するのはやや難しいかもしれないが，ベイズの公式を用いることで以下のように理解できる．プレイヤーが選んだドアを A，残りのドアを B と C と呼ぶことにしよう．このとき，以下のような表を得ることができる．

	司会が B を開ける	司会が C を開ける
A が当たり	$\frac{1}{6}$	$\frac{1}{6}$
B が当たり	0	$\frac{1}{3}$
C が当たり	$\frac{1}{3}$	0

この表の各行の数字を足すと $\frac{1}{3}$ となっている．これは，各ドアが当たりである事前確率は等しく $\frac{1}{3}$ であることを意味する．司会が当たりのドアを開けることはないので，「B が当たりでかつ，司会が B を開ける」「C が当たりでかつ，司会が C を開ける」という事象の確率はゼロである．A が当たりのときは，残りのドアはどちらもハズレなので，司会は B と C をランダムに選んでドアを開く．よって「A が当たりでかつ，司会が B を開ける」「A が当たりでかつ，司会が C を開ける」という事象の確率は $\frac{1}{6}$ である．

さて，プレイヤーが A を選び，司会が B のドアを開けたケースについて考えよう．このとき表のグレーの列より，A が当たりの確率と C が当たりの確率の比率は

$$\frac{1}{6}:\frac{1}{3}=1:2$$

である．従ってこの比をとれば，A が当たりである事後確率は $\frac{1}{3}$，C が当たりである事後確率は $\frac{2}{3}$ であることが分かる．従ってプレイヤーは，選択を変更して C のドアを開けるべきである．この例は，直感的には答えが明らかでない問題にも，ベイズの公式を用いることによって理論的に答えることができることを示している．

第 2 章　個人の意思決定問題とバイアス

本章では最も単純な，経済主体が一人しかいないケースを分析する．バイアスを持つ個人が未知のパラメータを時間を通じて学習していく場合，長期的にはどのようなことを学習し，どのような行動を取るのだろうか？

2.1　自信過剰なマネージャー：セットアップ

本章ではまず，前章で簡単に触れた自信過剰なマネージャーの例について考えていくことにする．ここでの議論はほぼ Heidhues, Kőszegi, and Strack (2018) に沿うものだが，議論を分かりやすくするため，彼らのモデルをより簡略化したものを考えることにする．

新規ビジネスを始めたばかりのマネージャーを考えよう．マネージャーは，このビジネスへの投資額（ないし労働量，努力量）x を選択する．分析を簡単にするため，選べる投資の最低額はゼロ，最高額は 0.5 であるとする．つまり，x は $[0, 0.5]$ という集合から選ばれるものとする．投資額を選ぶと，マネージャーはそれに応じたコスト $-x^2$ を支払い，その代わりに売り上げ（収益）y を得る．売り上げは高い（$y=1$）か低い（$y=0$）かの二通りでランダムに決まるものとし，高売り上げを得る確率は

$$\theta^*(x+a) \tag{3}$$

であるとする．ここで，θ^* はこのビジネスの利潤率，$a=0.1$ はマネー

ジャーの能力（才能）である．(3) 式は，利潤率・投資額・能力が大きくなるほど高い売り上げを得やすくなる，という状況を表している．

マネージャーの利得は，売り上げから投資のコストを差し引いた

$$y - x^2$$

であるとする．すなわち，高売り上げであったときの利得は $1-x^2$，低売り上げであった時の利得は $-x^2$ であるとする．

以下の議論では，真の利潤率は $\theta^* = 0.5$ であるとしよう．マネージャーはまだビジネスを始めたばかりなので，θ^* が 0 から 1 までの間のどこかの値であることは知っているが，具体的にどんな値であるかの知識はなく，0 から 1 までの間の全ての値が同様に確からしいと信じているものとする．より厳密な言い方をすれば，マネージャーは θ^* が $[0,1]$ 上の一様分布に従うと信じているとする．

ここまでは非常に標準的な経済学のモデルであるが，以下ではその標準的なモデルとは異なり，バイアスを持つマネージャーを考える．具体的には，このマネージャーは自信過剰で自身の能力が $A > a$ であると信じており，高売り上げとなる確率が (3) ではなく

$$\theta^*(x + A) \tag{4}$$

で与えられると誤認しているとする．このときマネージャーの行動は，自信過剰でないケースと比べてどう変化するであろうか？

2.2　ベンチマーク：θ^* が既知のケース

最初に，マネージャーが真の利潤率 $\theta^* = 0.5$ を知っているようなケースを考えてみよう．このとき，バイアスはマネージャーの行動に影響を与えるだろうか？

投資額 x を選んだ時，高売り上げであればマネージャーの利得は $1-$

x^2，低売り上げであれば利得は $-x^2$ である．また，売り上げは確率的に決まるが，自信過剰なマネージャーは高売り上げである確率が $\theta^*(x+A)$，低売り上げである確率が $1-\theta^*(x+A)$ であると信じている．よって，マネージャーの（主観的な）期待利得は

$$\theta^*(x+A)(1-x^2)+\{1-\theta^*(x+A)\}(-x^2)=\theta^*(x+A)-x^2$$

である．ここで，能力を a ではなく A として計算しているのは，我々が考えているのがマネージャーの主観的な期待利得だからである．マネージャーはこの期待利得 $\theta^*(x+A)-x^2$ を最大化するような投資額 x を選択するが，そのような投資額を見つけるには，期待利得を x で微分した値がゼロとなるような点，つまり $\theta^*-2x=0$ となる点を探せばよい（これを一階条件と呼ぶ）．これを解くことで，最適な投資額が

$$x=\frac{\theta^*}{2}=0.25$$

であることが分かる．

この投資額は，パラメータ A の値に依存しないことに注意されたい．つまり，自信過剰なマネージャー $(A>a)$ も，そうでないマネージャー $(A=a)$ も，全く同じ投資額 $x=0.25$ を選ぶのである．これまでの議論を以下にまとめておく．

> 真の売り上げが (3) で与えられ，かつ θ^* が既知であるようなモデルを考える．このとき，自信過剰なマネージャーもそうでないマネージャーも，同じ投資額 $x=0.25$ を選ぶ．

なお補足であるが，実はこの結果は，売り上げが (3) で与えられるという仮定に強く依存している．(3) 式の下では，投資額 x を微小に増やしたときの限界効用（期待利得の増加分）は $\frac{\partial(\theta^*(x+A)-x^2)}{\partial x}=\theta^*-2x$ であり，自信過剰の度合いを表すパラメータ A に依存せず一定である．

これは「自信過剰であるかどうかはマネージャーの投資意欲に直接的な影響を及ぼさない」ということを意味する．よって，自信過剰なマネージャーもそうでないマネージャーも同じ投資額を選ぶわけである．

逆に言えば，高い売り上げを得る確率が (3) ではなく例えば

$$\theta x a$$

で与えられる場合，自信過剰であるかどうかはマネージャーの投資意欲に直接的な影響を与え，従って自信過剰なマネージャーの行動はそうでないマネージャーの行動と異なるものとなる[1]．Murooka and Yamamoto (2021) はこれをバイアスの「直接効果」と呼び，第 2.4.2 節で考える「間接学習効果」と区別している．

2.3 ベイズ学習モデル

それではいよいよ，マネージャーが時間を通じて未知の利潤率 θ^* を学習していく動学モデルを考えよう．第 1 期，2 期，3 期 ⋯ と時間が無限に存在して，各 t 期目にマネージャーは投資額 x^t を選択し，売り上げを得る．これまで同様，高売り上げを得る確率は (3) であるとする．また，利潤率 θ^* と能力 a は時間が経過しても不変であるとする．このときマネージャーは，毎期観察された売り上げを通じて，未知の利潤率を学習していくことになる．このような状況で，もしマネージャーが自信過剰であった場合，マネージャーは利潤率をどう学習しどのような投資額を選ぶだろうか？

---

1 実際このケースでは，投資の限界効用は $\frac{\partial(\theta^* x A - x^2)}{\partial x} = \theta^* A - 2x$ である．従って，マネージャーが自信過剰になりパラメータ A が大きくなると，マネージャーの投資意欲は大きくなる．

(1) 第 1 期目

まずは，第 1 期目においてマネージャーがどんな投資額を選ぶかについて考えよう．利潤率 θ を所与とすると，投資額 x を選んだときのマネージャーの期待利得は $\theta(x+A)-x^2$ である（導出は，前節で考えた θ^* が既知のケースと全く同様である）．実際のマネージャーは利潤率 θ を知らない（$[0,1]$ 上に一様分布すると信じている）ので，このマネージャーの第 1 期目の期待利得は，θ に関する期待値を取った

$$\int_0^1 (\theta(x+A)-x^2)d\theta = 0.5(x+A)-x^2$$

となる．

第 1 期目のマネージャーはこの期待利得 $0.5(x+A)-x^2$ を最大化するような投資額 x を選ぶが[2]，一階条件より，その最適な投資額は $x^1=0.25$ であることが導かれる．(ここで x に添え字 1 がついているのは，これが第 1 期目の投資額であることを意味する.)

(2) 第 2 期目

それでは次に，第 2 期には何が起こるか考えてみよう．ここで重要なのは，マネージャーは第 1 期目の売り上げ y^1 を通じて，未知の利潤率 θ^* について学習をしているという点だ．具体的には，第 1 期目の売り上げ y^1 が悪かった場合，マネージャーは未知の利潤率 θ^* が低いのではないかと考えるだろう．すると第 2 期には，マネージャーの投資意欲は減退し，このビジネスへの投資額は少なくなるはずである．一方第 1 期目の売り上げが素晴らしかった場合，マネージャーは未知の

2　ここでは議論を単純化するため，マネージャーが近視眼的であり，第 t 期目の行動を選択する際にはその期の利得のみを最大化する（つまり，第 $t+1$ 期目以降の利得は気にしない）と仮定している．しかしこの仮定は本質的なものではなく，仮にマネージャーが将来利得も含めた $\sum_{t=1}^{\infty}\delta\{\theta(x^t+A)-(x^t)^2\}$ という利得（ここで $\delta\in(0,1)$ は割引因子）を最大化する場合にも，実は本書で紹介したものと全く同じ結果が成立する．詳しくは Heidhues, Kőszegi, and Strack (2018) を参照いただきたい．

利潤率 θ^* が高いのではないかと考えるだろう．すると第 2 期には，このビジネスへの投資額は増加するはずである．このように第 2 期にマネージャーがとる行動は，第 1 期の売り上げ次第で変化する．

以下では，このようなマネージャーの行動についてキチンとした記述をしていくが，(ベイズの公式を未知の利潤率 θ が連続であるケースに用いる関係上）普段経済学に触れていない方にとっては少々煩雑に思えるかもしれない．そのような場合，本節の議論は読み飛ばしていただいて，直接第 2.4 節に進んでいただいて全く差し支えない．現段階では，

- 第 2 期以降においては，過去に観察された売り上げに応じて，マネージャーは未知の利潤率について楽観的になったり悲観的になったりする．より正確には，マネージャーの信じる未知の利潤率の確率分布 μ（これを経済学では，マネージャーの持つ信念と呼ぶ）が変化する．

- その変化した信念に応じて，マネージャーは投資額を選択する．特に，利潤率について楽観的であるとき（つまり過去に高売り上げを観察した頻度が高いとき）は投資額を増やすし，逆に悲観的であるとき（つまり過去に低売り上げを観察した頻度が高いとき）は投資額を減らす．

ということさえ理解していただければ十分である．

(2-a) 第 1 期目が高売り上げ（$\mathbf{y^1 = 1}$）だったとき

まず，第 1 期目が高売り上げ $y^1 = 1$ であったケースから考えてみよう．第 1 期においてマネージャーは，利潤率が [0, 1] 上の一様分布に従うと信じていた．しかし第 2 期においてはこの限りではない．なぜなら上記に説明した通り，マネージャーは「第 1 期目に高売り上げで

あった」という事実から利潤率 θ^* についてより楽観的になっているはずだからである．

この，高売り上げを観察した後のマネージャーが信じる利潤率 θ^* の確率密度（信念）を，μ^2 で表すことにしよう．利潤率は 0 から 1 までの間のいずれかの値であるので，μ^2 は区間 $[0,1]$ 上の確率密度であることに注意されたい．すなわち，$[0,1]$ 上の任意の値 θ に対して，マネージャーの信じる「θ が真の利潤率である確率はいかほどか」という値を，$\mu^2(\theta)$ で表すことにする．ベイズの公式を用いると，それぞれの θ に対して，この信念 $\mu^2(\theta)$ を以下のように計算できる．

$$\mu^2(\theta) = \frac{\theta(x^1+A)}{\int_0^1 \tilde{\theta}(x^1+A)d\tilde{\theta}} \tag{5}$$

この (5) の導出について少し詳しく解説しておこう．自信過剰なマネージャーは，仮に利潤率が θ であったとすると，高売り上げ $y^1=1$ が実現する確率は $\theta(x^1+A)$，低売り上げ $y^1=0$ が実現する確率は $1-\theta(x^1+A)$ であると評価する．これをそれぞれの θ について書き出したのが，次の表である．

	売り上げが $y^1=1$	売り上げが $y^1=0$
利潤率が θ	$\theta(x^1+A)$	$1-\theta(x^1+A)$
利潤率が θ'	$\theta'(x^1+A)$	$1-\theta'(x^1+A)$
利潤率が θ''	$\theta''(x^1+A)$	$1-\theta''(x^1+A)$
⋮		

θ が無限に存在するので全ての行を書くことはできないが，イメージはつかんでいただけるだろう．第 1.4 節で説明した通り，高売り上げ $y^1=1$ を所与とした際の θ の事後確率を求めるときは，表のグレー列の確率に注目し，その比を取ってやれば良いのであった．こうして求めた事後確率分布が，(5) である．実際，(5) の右辺の分母が θ に依

存しない定数項であることに注意すると，任意の θ と θ' に対して

$$\frac{\mu^2(\theta)}{\mu^2(\theta')} = \frac{\theta(x^1+A)}{\theta'(x^1+A)}$$

が成立しており，(5) で定められた信念が表にある確率の比を取ったものと一致することが分かる．

この信念 μ^2 を所与としたときの真の利潤率 θ^* の期待値は

$$E[\theta^*|\mu^2] = \int_0^1 \theta \frac{\theta(x^1+A)}{\int_0^1 \tilde{\theta}(x^1+A)d\tilde{\theta}} d\theta = \frac{\int_0^1 \theta^2 d\theta}{\int_0^1 \tilde{\theta} d\tilde{\theta}} = \frac{2}{3}$$

であり，第 1 期目における期待値 0.5 よりも高くなっていることが分かるだろう．この意味において，第 1 期目に高売り上げを観察したことで，マネージャーは利潤率について楽観的になっていることが確認できた．

なお (5) 式で信念を定義するにあたって，真の能力 a ではなくマネージャーの信じる能力 A を用いていることに注意されたい．これは，マネージャーは自身の信じる主観に基づいて情報を処理するためである．

第 2 期のマネージャーは，この楽観的な信念 μ^2 のもとで，期待利得

$$E[\theta^*|\mu^2](x^2+A) - (x^2)^2$$

を最大化する．この最大化問題の解は一階条件，つまり，利得を x^2 で微分した値がゼロになる点で与えられる．これを解くと，最大化問題の解は

$$x^2 = \frac{E[\theta^*|\mu^2]}{2} = \frac{1}{3}$$

となることが分かる．第 1 期目と比較すると，マネージャーは利潤率 θ^* の平均値に関して楽観的になっている分，第 1 期よりも多く投資することが分かる．

(2-b) 第 1 期目が低売り上げ（$y^1 = 0$）だったとき

続いて，第 1 期目に運悪く低売り上げ $y^1 = 0$ だったケースについて考えよう．(2-a) で描いた表の右列に注目してベイズの公式を使えば，このときの信念が

$$\mu^2(\theta) = \frac{1-\theta(x^1+A)}{\int_0^1 (1-\tilde{\theta}(x^1+A))d\tilde{\theta}} \quad \forall\theta \in [0,1]$$

となることが分かる．この信念 μ^2 を所与としたときの利潤率 θ^* の期待値を計算すると

$$E[\theta^*|\mu^2] = \frac{\int_0^1 \theta(1-\theta(x^1+A))d\theta}{\int_0^1 (1-\tilde{\theta}(x^1+A))d\tilde{\theta}} = \frac{\frac{1}{2}-\frac{1}{3}(x^1+A)}{1-\frac{1}{2}(x^1+A)} < \frac{1}{2}$$

であるので，低い売り上げ $y^1 = 0$ を見たことで，マネージャーが第 1 期に比べて利潤率に関し悲観的になっていることが確認できる．

マネージャーはこの悲観的な信念 μ^2 のもとで期待利得

$$E[\theta^*|\mu^2](x^2+A)-(x^2)^2$$

を最大化する．一階条件より，この最大化問題の解は

$$x^2 = \frac{E[\theta^*|\mu^2]}{2} < 0.25$$

となる．第 1 期目の売り上げが悪く利潤率 θ^* に関して悲観的になったマネージャーは，第 2 期において投資額を減少させてしまうのである．

(3) 第 $t \geq 3$ 期目

第 3 期以降についても同様に分析できる．現在第 $t \geq 3$ 期で，過去の投資額が $(x^1,\ldots,x^{t-1})$，過去の売り上げが $(y^1,\ldots,y^{t-1})$ であったとする．このときのマネージャーの信念を μ^t で表すことにすると，ベイズ

の公式より，

$$\mu^t(\theta) = \frac{q^1(\theta)\cdots q^{t-1}(\theta)}{\int_0^1 q^1(\tilde{\theta})\cdots q^{t-1}(\tilde{\theta})d\tilde{\theta}} \tag{6}$$

が任意の $\theta \in [0,1]$ に対して成立する．ここで $q^\tau(\theta)$ は，利潤率 θ と投資額 x^τ を所与としたときに売り上げが y^τ となる主観的な確率を表す．$y^\tau = 1$ のときは $q^\tau(\theta) = \theta(x^\tau + A)$，$y^\tau = 0$ のときは $q^\tau(\theta) = 1 - \theta(x^\tau + A)$ である．t が大きくなればなるほど（つまり時間が経過すればするほど）このベイズの公式は複雑になってしまうが，アイデアは第 2 期のケースと全く同じで，過去の高売り上げの頻度が高いほど信念は楽観的になり，逆にその頻度が低いほど信念は悲観的になる．

マネージャーはこの信念 μ^t のもとで，期待利得

$$E[\theta^*|\mu^t](x^t + A) - (x^t)^2$$

を最大化するような投資額 x^t を選ぶ．一階条件より，この最大化問題の解は

$$x^t = \frac{E[\theta^*|\mu^t]}{2}$$

である．第 2 期目と同様，マネージャーの選ぶ投資額は利潤率の期待値に比例して決まる．つまり，（過去に高売り上げを頻繁に観察して）利潤率に関して楽観的になったマネージャーは投資額を増やすし，逆に悲観的なマネージャーは投資額を減らすことになる．

なお本節で考えたモデルは，ベイズ学習理論で使われるごくごく標準的なものである.「ベイズ学習」というと難しそうに聞こえるかもしれないが，実はそんなことはなく,「毎期情報を得るたびに，ベイズの公式を用いて信念を更新していく」という自然なアイデアを数式で表しただけのものであることがお分かりいただけただろうか．

2.4　バーク・ナッシュ均衡：長期的に何が起こるか？

前節では，過去の売り上げ $(y^1, \ldots, y^{t-1})$ を所与としたときに各 t 期目に何が起こるかを分析した．しかしこれだけでは，

> 利潤率を学習するのに十分長い時間が経過したとき，マネージャーはどのような信念を持ち，どのような行動を取るのか？

という疑問に対する十分な回答とは言えない．例えば，第 1000 期目におけるマネージャーの信念について考えてみよう．仮に第 1 期目から第 999 期目までの全ての期において高売り上げを観察したとすると，マネージャーは利潤率 θ に対して非常に楽観的な信念を持つことになる（具体的には，この信念はベイズの公式 (6) を用いて計算される）．しかし，そのように高売り上げばかりが観察されるような確率は非常に小さく，ほぼ無視してよい事象である．現実的には，第 999 期までの間に高売り上げと低売り上げそれぞれを適度な割合で観察するはずであるが，では具体的に「第 999 期までの間に高売り上げを観察する頻度はどれぐらいか，そしてそのときにマネージャーが持つ信念はどのような値になるか」というと，これをどのように計算すればよいかは全く明らかではない．なぜなら毎期マネージャーが異なる投資額を選ぶような我々のモデルにおいては，高売り上げが観察される確率が（選ばれた投資額に応じて）毎期複雑に変化してしまうからである．

本節では，このように十分時間が経過した場合において，マネージャーが具体的にどのような信念を持ちどのような行動を取るのかについて，より詳細な分析をしていく．

2.4.1 ベイズ学習理論での古典的結果

さて，本格的な分析を始める前に，ベイズ学習理論の古典的な結果について，いくつか紹介しておきたい．標準的なベイズ学習理論においては，

(i) バイアスを持たず，かつ

(ii) 毎期同じ行動を取る

ような個人が未知のパラメータを学習する様子を考える．このようなケースにおいては，いくつかの技術的な条件が満たされていれば，

> 学習のために十分長い時間を取るとほぼ確実に，真のパラメータ θ^* を正しく学習する

ということが広く知られている．我々の考えるマネージャーの例でいえば，もしマネージャーが真の能力 a を知っておりかつ毎期同じ投資額 x を選ぶならばほぼ確実に，「真の利潤率はまず間違いなく $\theta^*=0.5$ であろう」という信念を持つことになる.[3]本書ではこのことを，信念が $\theta^*=0.5$ に収束するということにする．

この結果は，以下の例を用いて直観的に理解できる．歪みのあるコインがあって，投げたときに表の出る確率が 75%，裏の出る確率が 25% であるとしよう．あなたはこのコインがどれだけ歪んでいるか知らず，何度もこのコインを投げることで表の出る確率を学習しようとしている．このとき，一度コインを投げただけだと，表が出るか裏がでるかは運次第である．しかしコインを何度もたくさん投げていけば，表の出る頻度はおよそ全体の 75% に近づくはずである（これを統計学で

---

[3] 正確には，$P(\lim_{t\to\infty}\mu^t(h)=\delta_{\theta^*})=1$ が成立する．ここで，$\mu^t(h)$ はサンプルパス $h=(x^t,y^t)_{t=1}^{\infty}$ を所与としたときの第 t 期目の信念，P は h の確率分布，$\delta_\cdot$ はディラック関数であり，$\lim\mu^t=\delta_\theta$ は，信念の列 μ^t が δ_θ に弱収束することを表す．

は大数の法則と言う）．するとそのデータから，あなたは「このコインを投げて表の出る確率は 75% 前後であるに違いない」と結論付けることができるだろう．この意味で，信念は真のパラメータに収束している．

次に，仮定 (i) は満たされるが仮定 (ii) が満たされない場合について考えてみよう．我々の文脈でいえばこれは，マネージャーが真の能力 a を知っておりかつ，（信念に応じて）毎期異なる投資額を選ぶケースに該当する．実はこの場合においても，仮定 (ii) が満たされる上記のケースと同様に，「学習のために十分長い時間を取るとほぼ確実に，真のパラメータ θ^* を正しく学習する」という結果が成立する．

この結果を理解するために，仮にマネージャーが $x=0$ と $x=1$ という二種類の投資額のどちらかを毎期選ぶような状況を考えよう．仮に第 1000 期までの間に，$x=0$ と $x=1$ をちょうど半分ずつの頻度で（つまり 500 回ずつ）選んでいたとしよう．このとき，$x=1$ を選んだ期に得られた情報を全て無視して，$x=0$ を選んだ期に得られた情報のみを用いて学習を行ったとすれば，これは実質的に「マネージャーが毎期同じ投資額を選ぶケース」にあたるため，マネージャーは真の利潤率 θ^* を正しく学習することになる．同様に，$x=0$ を選んだ期に得られた情報を全て無視して $x=1$ を選んだ期に得られた情報のみを用いて学習を行ったしても，マネージャーは θ^* を正しく学習できる．よって，第 1000 期までに得られた情報を全て用いて学習をしたとしても，同様に真の利潤率 θ^* を正しく学習できるであろうことは，直感的に明らかであろう．また，$x=0$ と $x=1$ の選ばれた頻度が半分ずつではないケースについても，同様の理由によってマネージャーは真の利潤率 θ^* を正しく学習できる．よって，仮にマネージャーが毎期異なる行動を取ったとしても，真のパラメータ a を知っている限りにおいては，利潤率を正しく学習できることが分かる．

それでは，仮定 (i) が満たされないとき，すなわちバイアスを持つ個人が未知のパラメータについて学習をするときはどうなるだろうか．この場合，バイアスの存在により情報を正しく処理できないため，真のパラメータを正しく学習することは一般的には不可能である．Berk (1966) は，仮定 (ii) が満たされるケース，つまり個人が毎期同じ行動を取るような特殊ケースについては，以下の結果が成立することを示した．

> 学習のために十分長い時間を取るとほぼ確実に，現実のデータを説明するのに最も適したパラメータ $\hat{\theta}$ が真のパラメータであると学習する．

これが何を意味するのか，我々のマネージャーの例を用いて考えてみよう．仮に，自信過剰（つまり $A > a$）なマネージャーが毎期同じ投資額 $\hat{x}$ を選ぶとする．このとき，高売り上げ $y = 1$ が実現する真の確率は $\theta^*(\hat{x}+a)$ である．一方，もしマネージャーが真の利潤率を $\hat{\theta}$ だと考えているなら，マネージャーの予測する $y = 1$ の実現する確率は $\hat{\theta}(\hat{x}+A)$ である．特に

$$\hat{\theta} = \frac{\theta^*(\hat{x}+a)}{\hat{x}+A} \tag{7}$$

のとき，このマネージャーの信じる主観的確率 $\hat{\theta}(\hat{x}+A)$ は真の確率 $\theta^*(\hat{x}+a)$ と一致する，すなわち，マネージャーは現実に起こっていることを正しく予測できるということになる．これがBerkの言う「現実のデータを説明するのに最も適したパラメータ $\hat{\theta}$」であり，彼の証明した定理によれば，十分時間が経過するとマネージャーは「真の利潤率は $\hat{\theta} = \frac{\theta^*(\hat{x}+a)}{\hat{x}+A}$ である」と学習することになる．ここで $A > a$ のときは $\hat{\theta} < \theta^*$ であるから，自信過剰なマネージャーは利潤率 θ^* を正しく学

習することはできず，過小評価していることが分かる．自信過剰なマネージャーは，平均的には自分の想定より低い売り上げを観察するため，時間が経過するにつれて利潤率について悲観的になってしまうのである．そして最終的には，自信過剰であること（$A > a$）と利潤率を過小評価すること（$\hat{\theta} < \theta^*$）の効果が打ち消しあい，実際のデータ（高売り上げの確率）を正しく予測するような状態に落ち着くことになる．

それではなぜ，マネージャーが考える高売り上げの確率 $\hat{\theta}(\hat{x} + A)$ と真の確率 $\theta^*(\hat{x} + a)$ が長期的にはピッタリ一致しなくてはならないのであろうか？ これを理解するために，仮にマネージャーの考える高売り上げの確率が真の確率より高いとしよう．するとマネージャーは，(平均的には）想定するより低い頻度でしか高売り上げを観察しないため，時間とともに利潤率に関して悲観的になってゆく．同様に，もしマネージャーの考える高売り上げの確率が真の確率より低いならば，マネージャーは時間とともに利潤率に関して楽観的になってゆく．いずれにせよ，マネージャーの考える主観的確率と真の確率は，時間を通じてどんどん近づいていくことが分かるだろう．そしてこの調整過程の結果，十分時間が経過した後には必ず，両者は一致することになる．

以上，ベイズ学習理論で広く知られている結果について駆け足で説明したが，これをまとめたものが以下の表である．

	毎期同じ投資額 $\hat{e}$	毎期異なる投資額
真の能力を知っている（$A = a$）	θ^* を正しく学習	θ^* を正しく学習
自信過剰（$A > a$）	$\hat{\theta} = \frac{\theta^*(\hat{x}+a)}{\hat{x}+A}$ に収束	?

2.4.2　バーク・ナッシュ均衡

それではいよいよ，自信過剰なマネージャーが毎期信念に応じて異なる投資額を選ぶ場合（前節の表でいうと右下の？となっている部分）について考えよう．Heidhues, Kőszegi, and Strack (2018) は，この自信過剰なマネージャーの例において，以下の疑問に明確な回答を与えた．

- 学習に十分時間を長くとった時，マネージャーは真の利潤率 θ^* を正しく学習するのか，しないのか？
- もし正しく学習しない場合，マネージャーの信念は真の利潤率 θ^* からどの程度乖離し，それがマネージャーの行動にどう影響を及ぼすのか？

具体的には彼らは，十分長い時間が経過した後には，マネージャーの信念と投資額が以下の条件を満たすような組 $(\hat{\theta}, \hat{x})$ に収束することを示した．

$$\hat{\theta} = \frac{\theta^*(\hat{x}+a)}{\hat{x}+A}, \tag{8}$$

$$\hat{x} = \frac{\hat{\theta}}{2} \tag{9}$$

大雑把に言えば，$\hat{\theta}$ は十分長い時間が経過した後のマネージャーの信念，$\hat{x}$ は十分長い時間が経過した後にマネージャーが取り続ける投資額を表す．前節で議論した通り，もしこの投資額 $\hat{x}$ が選ばれ続けるのであれば，学習の結果，マネージャーの信じる高売り上げの確率 $\hat{\theta}(\hat{x}+A)$ と真の確率 $\theta^*(\hat{x}+a)$ はちょうど一致することになる．これが，一番目の条件 (8) である．$A > a$ のときは $\hat{\theta} < \theta^*$ であるので，自信過剰なマネージャーは利潤率を過小評価することが分かる．自信過剰なマネージャーは，毎期想定より低い売り上げを観察するので，利潤率について悲観的になってしまうのである．

一方，もしマネージャーが「真の利潤率は $\hat{\theta}$ である」と信じるのであれば，マネージャーはその信念を所与として期待利得を最大化するような投資額 x を選ばなければならない．これが二番目の条件 (9) である．ここで $\hat{\theta} < \theta^*$ なので，マネージャーが実際に選ぶ投資額 $\hat{x}$ は，

（真の利潤率 θ^* を知っていたときの）効率的な投資額 $\frac{\theta^*}{2} = 0.25$ より小さくなってしまうということが分かる．マネージャーが自信過剰なときは，過少投資の問題が起こり，社会厚生が最大化されなくなってしまうのである．マネージャーがバイアスを持たないときは，真の利潤率 θ^* を正しく学習し効率的な投資額を選択するので，このベイズ学習モデルにおいてはバイアスの有無が結果に大きな影響を及ぼすことが分かる．

第2.2節で扱った θ^* が既知のケースでは，バイアスはマネージャーの投資意欲に直接影響を与えないのであった．一方本節で扱ったベイズ学習モデルにおいては，バイアスを持つマネージャーは利潤率を過小評価してしまい，結果投資意欲が低下してしまう．このように，バイアスが（ベイズ学習により更新されてゆく信念を通じて）間接的に経済主体の行動に影響を与えることを，Murooka and Yamamoto (2021) はバイアスの「間接学習効果」と呼んでいる．

なお上記の条件 (8)，(9) を満たす組 $(\hat{x}, \hat{\theta})$ は，ミクロ経済理論においてバーク・ナッシュ均衡（Berk-Nash equilibrium）と呼ばれるものである．Berk のオリジナルの設定では，毎期同じ投資額 $\hat{x}$ が選ばれるような状況を考えていた．一方このバーク・ナッシュ均衡においては，時間が十分経過した後に選ばれる投資額 $\hat{x}$ が連立方程式 (8)，(9) の解として内生的に決定されているのがポイントである．一番目の式 (8) は信念の収束先 $\hat{\theta}$ が選ばれる投資額 $\hat{x}$ に依存していることを，二番目の式 (9) は最適な投資額 $\hat{x}$ が信念 μ に依存していることを表現しており，バーク・ナッシュ均衡は，この二つの力が釣り合う状態として解釈できる．このバーク・ナッシュ均衡の概念は Esponda and Pouzo (2016) によって提案されたのだが，彼らの論文が発表されて以降 model misspecification の理論的研究は飛躍的に進展した．この意味で，バーク・ナッシュ均衡はこの分野において最も重要な概念の一つと言えるだろう．バーク・ナッシュ均衡の性質については第2.5.3節でより詳細な議論をする予定であるので，興味のある方はそちらも参照されたい．

少し長くなってしまったが，本節での結果をまとめておこう．

> ベイズ学習モデルにおいて十分長い時間を取った場合，自信過剰でないマネージャーは θ^* を正しく学習し，効率的な投資額 $x = 0.25$ を選択する．一方自信過剰なマネージャーは，利潤率が $\hat{\theta} < \theta^*$ であると誤認してしまい，選択する投資額も効率的水準より低いものとなる．

本節では第 1 期当初のマネージャーの信念が $[0, 1]$ 上の一様分布に従うと仮定してきたが，実はこの仮定が満たされなくともマネージャーの行動や信念は同様にバーク・ナッシュ均衡に収束することが知られている．例えば第 1 期において，マネージャーが「非常に高い確率で利潤率は θ^* である」と信じていたとしよう．すると第 1 期には，マネージャーは（ほぼ）効率的な投資水準を選ぶことになる．しかし時間が経過するにつれ，自信過剰なマネージャーは利潤率に関してどんどん悲観的になり，最終的にはバーク・ナッシュ均衡の水準にまで投資額を減らしてしまう．経済主体がバイアスを持つようなケースでは「データから学習して行動を最適化する」という行程が，結果として利得を悪化させうるのである．Heidhues, Kőszegi, and Strack (2018) は，これを self-defeating learning と呼んでいる．

なぜこのようなことが起こるのかより深く理解するために，マネージャーの立場に立って考えてみよう．まず第 1 期においては，マネージャーは利潤率が $\theta^* = 0.5$ でほぼ間違いないと信じている．よって $\theta^*(0.25 + A) - (0.25)^2$ という期待利得が得られることを想定して投資額 $x = 0.25$ を選ぶ．しかし実現する利得は $\theta^*(0.25 + a) - (0.25)^2$ であり，これは十分高い利得ではあるが（実際これは，マネージャーの真の能力 a を所与としたときに得られるものの中で最高の利得である），

マネージャーの想定していた値よりは少ない．よって時間が経過するごとにマネージャーは

> 実は利潤率が $\theta^* = 0.5$ より低いのではないか．だとすると，$x = 0.25$ という投資額は過剰投資になる．投資額を減らすことで，（期待売り上げは減るが，それ以上に投資額を削減できるので）より高い利潤を達成できるはずだ．

と考え，投資額を減少させる．そして最終的には，投資額はバーク・ナッシュ均衡の $\hat{x}$ にまで減少し，マネージャーは $\hat{\theta}$ が真の利潤率であると誤認するようになる．もちろんマネージャーは，当初投資額 $x = 0.25$ をを選んでいた頃に非常に高い利得を得ていたことは覚えている．しかし，これについては

> 以前 $x = 0.25$ という投資額を選ぶことで高い利得を得ていたのは事実だが，これは偶然高売り上げが続いただけだ．その後時間をかけて学習した結果，利潤率は $\hat{\theta}$ であることが分かった．よって投資額 $x = 0.25$ を選んだところで，平均的には $\hat{\theta}(0.25 + A) - (0.25)^2$ という利得しか得られないはずで，これは現在得ている（バーク・ナッシュ均衡の）利得よりも低い．よって $x = 0.25$ を選ぶ理由はない．

と考えてしまい，結局，非効率な投資額 $\hat{x}$ を選び続けてしまう．マネージャーは十二分に長い学習期間をかけて利潤率が $\hat{\theta}$ であると確信しているので，かつて $x = 0.25$ を選んだ頃に良い利得を得ていた経験は，「比較的短期間の間に起こった，ただのラッキー」として認識されてしまうのである．

2.4.3 バイアスは長期的に淘汰されるか？

Model misspecification を用いたアプローチに対しては，伝統的経済学の見地から以下のような批判がある．

> バイアスを持った経済主体は，自身の想定と異なる結果（マネージャーの例で言えば，売り上げ）を観察することになる．もしこのような結果を繰り返し観察するならば，その経済主体はどこかの時点で「自分の主観が間違っているのではないか」と考え始め，バイアスを修正するのではないか？ もしそうであるならば，バイアスを持つ経済主体は，長期的には淘汰されるのではないか？

実際，筆者がアメリカの大学で自身の研究を発表した際にも，高名な経済学者から何度か似たような質問を受けた経験がある．

しかし我々が分析したベイズ学習モデルの結果は，この批判に真正面から応えるものとなっている．(8) より，マネージャーの持つ主観的期待売り上げ $\hat{\theta}(\hat{x}+A)$ と真の売り上げ $\theta^*(\hat{x}+a)$ が一致していることを思い出していただきたい．マネージャーは自信過剰ではあるものの利潤率を過小評価するので，その効果は打ち消しあい現実に観察される売り上げは自身の想定通りとなっているのである．従ってマネージャーは，どんなに長い時間が経過しても，自身の主観にバイアスが含まれていることに気づかない．そしてその過小評価された利潤率に基づいて，非効率的な投資水準を選び続けてしまう．

上記の批判に関していうならば，

> もしある経済主体が自身の想定と異なる結果を繰り返し観察するならば，その経済主体は自身の主観を修正する必要がある

というのはもっともである．しかしここで考えたベイズ学習モデルにおいては，マネージャーは自身のバイアス（パラメータ A）を修正するのではなく，未知の利潤率 θ^* に関する信念を修正することで，この問題に対応しているのである．

実際,「自身のバイアスを修正するのではなく，それ以外のパラメータに関する信念を修正することで，観察されたデータを説明しようとする」というパターンは，現実にも多く見受けられるように思われる．例えば，ある会社の中における出世競争において，自信過剰な人がいたとしよう．ある程度の時間が経過するとこの自信過剰な人は,「今のところ，自分が思っていたよりも出世できていない」という事実に直面するだろう．その場合この自信過剰な人は,「実は自身の能力はさほど高くないのかもしれない」と考えて自身のバイアスそのものを修正するかもしれないが，逆に「自分は優秀なのに，この会社の評価システムが不当にアンフェアで，キチンと評価されていない」と解釈するかもしれない．この後者のケースはまさしく,「自身のバイアス以外のパラメータに関する信念を修正することで，観察されたデータ（出世していないという現実）を説明しようとする」例となっている．

さて，自信過剰なマネージャーの例に戻って考えてみると，現実にこのようなマネージャーがいた場合，マネージャーが自身の能力を疑うかそれとも想定していた利潤率を疑うかというのはケースバーケースであろう．ここで重要なのは,「自信過剰のようなバイアスは長期的には淘汰されるはずだ」という一見もっともらしいストーリーは，よく考えてみるといささか安易なところがあり，バイアスを持つ経済主体の分析を軽んじるべきではない，という点である．

なお，近年の実証研究では,「自信過剰な人々は，時間が経過しても自身の持つバイアスを修正しようとはしない（つまり，自信過剰な人はいつまでたっても自信過剰なままであるという）傾向がある」という結果が報告されている（Hoffman and Burks (2020)，Huffman, Raymond, and Shvets (2019))．これが正しいのかどうかは今後より精査していく必要があるが，もし本当にこの主張が正しいのであれば,「バイアスはいずれ淘汰されるはずである」という伝統的経済学の考え方よりも，本書のアプローチの方がより現実にフィットしていると言えるかもしれない.

2.5　より一般的な分析に向けて

これまでの分析で，自信過剰なマネージャーが未知の利潤率を学習する際には，マネージャーの持つ信念はバーク・ナッシュ均衡に収束するということが分かった．それでは，これと同様の結果がより一般的な状況においても成立するのだろうか？ この疑問に答えるため本節では，より一般的な状況におけるバーク・ナッシュ均衡の定義を紹介し，その性質について解説していく.

2.5.1　セットアップ

以下のような無限期間ベイズ学習モデルを考える．一人の経済主体が存在して，各 t 期に行動 x^t を選び，結果 y^t を観察する．行動 x を所与としたとき，結果 y が観察される確率を $q(y|x)$ で表すとする．経済主体の利得は選択された行動とその結果にのみ依存して決まるものとし，この利得を $u(x, y)$ で表すとする．簡略化のため，起こりうる結果の集合 Y は有限であるとする.

経済主体は結果 y の真の確率分布 q を知らず，これについて時間を通じて学習していくものとする．より具体的には，この経済主体は結果 y が（未知のパラメータ θ に依存した）確率 $q^\theta(y|x)$ で与えられると信じており，時間を通じてこのパラメータ θ の値をベイズ学習していくとする．Θ でパラメータ θ の取りうる値の集合を表し，第 1 期目

における θ に関する信念を Θ 上の確率密度 μ^1 で表すことにする．以下では，Θ はユークリッド空間内のコンパクト集合であると仮定する．

このフレームワークは非常に一般的で，バイアスを含まない通常のベイズ学習モデル・経済主体がバイアスを持つようなモデルの双方を特殊ケースとして含んでいる．具体的には，経済主体がバイアスを持たない（correctly specified）とは，あるパラメータ $\theta^{\text{true}} \in \Theta$ が存在して，全ての行動 x と結果 y について $q^{\theta^{\text{true}}}(y|x) = q(y|x)$ が満たされることを言う．直観的には，パラメータ θ^{true} は,「真の」パラメータであり，この θ^{true} を所与とすると，経済主体の信じる主観的確率 $q^{\theta^{\text{true}}}(y|x)$ が真の確率 $q(y|x)$ と完全に一致している．第 2.4.1 節で説明した通り，このような状況では,（いくつかの技術的な条件が満たされていれば）経済主体は真のパラメータ θ^{true} を確率 1 で正しく学習できることが知られている．

一方，そのような θ^{true} が存在しないようなケースでは，どんなパラメータ θ を所与としても,（何らかの行動 x を取ったときに）経済主体の信じる主観的確率分布 $q^{\theta}(\cdot|x)$ と真の確率分布 $q(\cdot|x)$ が異なるものとなってしまう．すなわち，どのようなパラメータ θ を取ってきても，経済主体は現実の世界を正しく認識できないということになる．このようなとき，経済主体はバイアスを持つ (misspecified) と言われる．より具体的なイメージを掴むため，いくつかの例をあげておこう．

- **自信過剰なマネージャー**　自信過剰なマネージャーの例は，この一般的モデルの特殊ケースである．実際，x を投資額，y を売り上げと解釈し，起こりうる売り上げの集合を $Y = \{\text{高売り上げ}, \text{低売り上げ}\}$ で定義し，高売り上げとなる真の確率を $q(y = \text{高売り上げ}\,|x) = \theta^*(x+a)$，主観的な確率を $q^{\theta}(y = \text{高売り上げ}\,|x) = \theta(x+A)$ で定義すれば，本章で考えたマネージャーの例を得ることができる．

- **真の需要関数を知らない独占企業**　独占企業が，毎期価格 x を選び，売り上げ y を観察するとしよう．簡略化のため，売り上げは高売り上げまたは低売り上げの二通りであるとする，つまり $Y=\{$ 高売り上げ, 低売り上げ $\}$ であるとする．高売り上げとなる真の確率は

$$q(y=\text{高売り上げ}\,|x)=D(x)$$

である．ここで需要関数 $D(x)$ は非線形かつ，$D'<0$ であるとする．しかしながら独占企業は需要関数が線形であると誤認しており，その傾き θ を時間を通じて学習しようとしているとする．具体的にはこの企業は，高売り上げとなる確率が

$$y=40-\theta x$$

であると誤認していたとする．生産コストは無視するものとして，企業の毎期の利得は $u(x,y)=xy$ であるとする．このような企業がどのような行動を取るのかは，Nyarko (1991) や Fudenberg, Romanyuk, and Strack (2017) により分析されている．

簡略化のため，経済主体は近視眼的で，毎期その期に得られる期待利得を最大化するものとしよう．このとき，自信過剰なマネージャーの例と同様にして，経済主体の取る行動は以下のように記述できる．まず第 1 期目においては，経済主体は信念 μ^1 を所与としたときの期待利得

$$E\left[\sum_{y\in Y} q^{\theta}(y|x)u(x,y)\middle|\mu^1\right]$$

を最大化するような行動 x^1 を取り，結果 y^1 を観察する．この観察さ

れた結果 y^1 を所与とすると，第2期目の信念 μ^2 は，ベイズの公式

$$\mu^2(\theta) = \frac{\mu^1(\theta)q^\theta(y^1|x^1)}{\int_\Theta \mu^1(\tilde{\theta})q^{\tilde{\theta}}(y^1|x^1)d\tilde{\theta}}$$

で与えられる．ここで信念を計算する際には，真の確率分布 $q(x)$ ではなく，経済主体の主観的確率分布 $q^\theta(x)$ を用いていることに注意されたい．

第2期においても同様に，経済主体はこの信念 μ^2 を所与としたときの期待利得を最大化するような行動 x^2 を選び，結果 y^2 を観察し，ベイズの公式を用いて信念 μ^3 を計算する．より一般的には，第 $t-1$ 期目における信念 μ^{t-1}，行動 x^{t-1}，結果 y^{t-1} を所与とすると，第 t 期目における信念は

$$\mu^t(\theta) = \frac{\mu^{t-1}(\theta)q^\theta(y^{t-1}|x^{t-1})}{\int_\Theta \mu^{t-1}(\tilde{\theta})q^{\tilde{\theta}}(y^{t-1}|x^{t-1})d\tilde{\theta}} \tag{10}$$

で与えられる．そして経済主体は，対応する期待利得

$$E\left[\sum_{y\in Y} q^\theta(y|x)u(x,y)\middle|\mu^t\right]$$

を最大化するような行動 x^t を取り，結果 y^t を観察する．

自信過剰なマネージャーの例においては，このようなベイズ学習が行われた場合，その信念と行動はバーク・ナッシュ均衡に収束するのであった．ここで考えている一般的なモデルにおいても，同様の結果が成立するのであろうか？

2.5.2　カルバック・ライブラー情報量

自信過剰なマネージャーの例を考えよう．ある投資額 x を所与としたとき，もしマネージャーが「真の利潤率は θ に違いない」と信じて

いるとすると，高売り上げを得る主観的確率は $\theta(x+A)$，真の確率は $\theta^*(x+a)$ で与えられるのであった．マネージャーの信じる利潤率が $\theta = \frac{\theta^*(x+a)}{x+A}$ であるときにはこの主観的確率と真の確率はちょうど一致するが，そうでないときには，マネージャーの信じる売り上げの主観的確率分布と真の確率分布の間には「ズレ」が存在することになる．このような二つの確率分布の「ズレ」の量を測る際に用いる概念が，カルバック・ライブラー情報量（Kullback-Leibular deivergence，相対エントロピーともいう）である．一般的なバーク・ナッシュ均衡の定義を述べるためには，このカルバック・ライブラー情報量について理解しておく必要がある．なおこのカルバック・ライブラー情報量は，情報理論や統計学などでも非常によく使われる概念なので，これについて知っておくだけでも何かと有益であると思われる．

では早速，カルバック・ライブラー情報量の定義を述べよう．ある行動 x を所与とする．また経済主体が，ある値 θ を真のパラメータであると信じていたとする．このとき，結果 y の主観的確率分布は $q^{\theta}(\cdot|x)$ で，真の確率分布は $q(\cdot|x)$ である．この二つの確率分布の間のカルバック・ライブラー情報量は，

$$K(\theta,x) = E\left[\log\frac{q(y|x)}{q^{\theta}(x|y)}\right] = \sum_{y\in Y} q(y|x)\log\frac{q(y|x)}{q^{\theta}(x|y)} \tag{11}$$

で定義される．

この式は少々複雑な形をしているので，自信過剰なマネージャーの例を用いて，具体的に考えてみよう．投資額 x とマネージャーの信じる利潤率 θ を所与として，売り上げの主観的確率分布と真の確率分布の間のカルバック・ライブラー情報量を計算すると，

$$K(\theta,x) = \theta^*(x+a)\log\frac{\theta^*(x+a)}{\theta(x+A)} + (1-\theta^*(x+a))\log\frac{1-\theta^*(x+a)}{1-\theta(x+A)} \tag{12}$$

となる．この値はマネージャーの信じる利潤率 θ に応じて変化するが，$\theta = \frac{\theta^*(x+a)}{x+A}$ であるとき，つまり主観的確率分布と真の確率分布がちょうど一致するときには，$\log \frac{\theta^*(x+a)}{\theta(x+A)} = \log \frac{1-\theta^*(x+a)}{1-\theta(x+A)} = 0$ であるため，カルバック・ライブラー情報量 $K(x,\theta)$ もゼロとなっていることが確認できる．また簡単な計算により，マネージャーの信じる利潤率 θ が $\frac{\theta^*(x+a)}{x+A}$ から離れてゆくほど，つまり主観的確率分布が真の確率分布から離れてゆくほど，カルバック・ライブラー情報量の値も大きくなることが分かる[4]．これはまさに，カルバック・ライブラー情報量が「主観的確率分布と真の確率分布の間のズレ・距離を測る概念」であるということを示唆している．

なお,「このカルバック・ライブラー情報量の定義はどこから来たのか」を気になる方のために説明すると，以下のようになる（興味のない読者は，この段落は飛ばしていただいて差し支えない）．ある投資額 x が毎期選ばれるような状況を考えよう．このとき十分長い時間を取ると，高売り上げ $y=1$ が観察される期間が全体に占める割合は，およそ $\theta^*(x+a)$ となる．一方，θ を真の利潤率だと信じているマネージャーは，高売り上げが観察される割合は $\theta(x+A)$ であるはずだと信じている．このマネージャーの主観と実際の売り上げのデータの「ズレ」を表しているのが，(12) の右辺第一項に出てくる $\log \frac{\theta^*(x+a)}{\theta(x+A)}$ という部分である．ここで対数をとっているのは,「ズレ」がないケース，すなわちマネージャーの主観 $\theta(x+A)$ がデータ $\theta^*(x+a)$ と一致するときに，この値がゼロになるよう調整するためである．同様に，低売り上げ $y=0$ の観察される期間が全体に占める割合はおよそ $1-\theta^*(x+a)$ である一方，マネージャーの信じる低売り上げの割合は $1-\theta(x+A)$ である．このマネージャーの主観と実際のデータの間の「ズレ」を表すのが，右

[4] 実際，$\theta < \frac{\theta^*(x+a)}{x+A}$ のときは $\frac{\partial K(x,\theta)}{\partial \theta} < 0$ であるから，カルバック・ライブラー情報量は θ に関する減少関数である．同様に，$\theta > \frac{\theta^*(x+a)}{x+A}$ のときはカルバック・ライブラー情報量は θ に関する増加関数である．

辺第二項に出てくる $\log \frac{1-\theta^*(x+a)}{1-\theta(x+A)}$ という部分である．そして (12) から分かる通り，この二つの値の重み付き平均を取ったものがカルバック・ライブラー情報量ということになる．この意味において，カルバック・ライブラー情報量を「観察されたデータ全体（すなわち売り上げの真の分布）とマネージャーの主観のズレを測ったもの」と解釈するのは，ごく自然であることが分かるだろう．

これまでに議論したカルバック・ライブラー情報量が持つ基本的な性質をまとめておくと，以下のようになる．

- カルバック·ライブラー情報量は，常に非負である．つまり，$K(x,\theta) \geq 0$ である．
- (行動 x を所与として) 主観的分布と真の分布が一致するとき，カルバック・ライブラー情報量はゼロとなる．
- 逆に，カルバック・ライブラー情報量がゼロとなるのは，主観的分布と真の分布が一致するときのみである．

これ以外にも，カルバック・ライブラー情報量は（chain rule などの）重要な性質を持つのだが，ご興味のある方は専門の教科書などを参考にされたい．

2.5.3 バーク・ナッシュ均衡とその性質

ある行動 x を所与としたときに，カルバック・ライブラー情報量 $K(x,\theta)$ を最小化するようなパラメータ θ のことを $\hat{\theta}(x)$ で表すことにする．直観的には，行動 x を所与としたときの主観的確率分布と真の確率分布の「ズレ」を最小化するようなパラメータが，この $\hat{\theta}(x)$ である．例えば，自信過剰なマネージャーの例においては

$$\theta = \frac{\theta^*(x+a)}{x+A}$$

のときにカルバック・ライブラー情報量はゼロとなり最小化されるので，$\hat{\theta}(x) = \frac{\theta^*(x+a)}{x+A}$ ということになる．より一般に，真の分布 $q(\cdot|x)$ と完全に一致するような主観的分布 $q^{\theta}(\cdot|x)$ が存在する場合は，そのような分布を与えるパラメータ θ が $\hat{\theta}(x)$ となる．図 1 は，この状況を図示したものである．

図 1　真の分布と一致する主観的分布が存在するケース

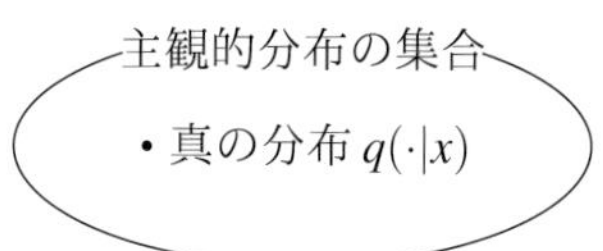

一方図 2 は，真の分布 $q(\cdot|x)$ と完全に一致するような主観的分布 $q^{\theta}(\cdot|x)$ が存在しないようなケースを考えたものである．この場合は，真の分布と（カルバック・ライブラー情報量の意味で）最も「近い」ような主観的分布，図では点 A にあたる分布，を与えるようなパラメータ θ を $\hat{\theta}(x)$ と定義する．

図 2　真の分布と一致する主観的分布が存在しないケース

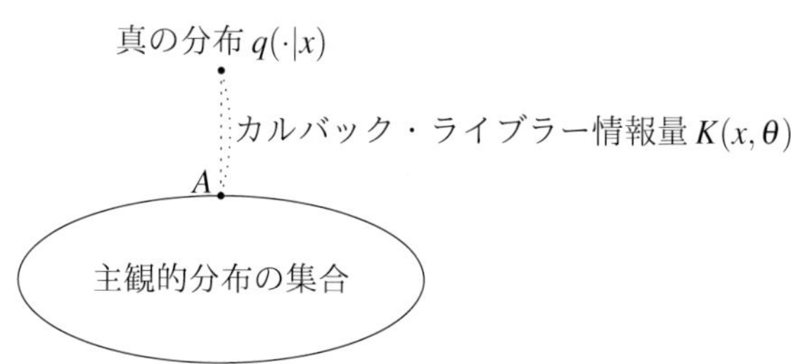

第 2.4.1 節において「バイアスを持つ個人が毎期同じ行動 x を取る場合，現実のデータを説明するのに最も適したパラメータ $\hat{\theta}$ が真のパラ

メータであると学習する」という Berk の結果を紹介したが，ここでいう「現実のデータを説明するのに最も適したパラメータ」とは厳密には，ここで定義した $\hat{\theta}(x)$ を指す．つまり，毎期同じ行動 x が選ばれるようなケースでは，主観的確率分布と真の確率分布の間の「ズレ」を表すカルバック・ライブラー情報量を最小化するようなパラメータに，信念は収束するのである．

さて，我々の考える毎期異なる行動 x が取られるようなケースにおいては，Esponda and Pouzo (2016) は以下のようにバーク・ナッシュ均衡を定義した[5]．

定義

ある行動とパラメータの組 (x,θ) が純粋バーク・ナッシュ均衡 (pure Berk-Nash equilibrium)であるとは，以下の条件が満たされることをいう．

$$\sum_{y\in Y} q^{\theta}(y|x)u(x,y) \geq \sum_{y\in Y} q^{\theta}(y|x')u(x',y) \quad \forall x' \neq x, \tag{13}$$

$$\theta = \hat{\theta}(x). \tag{14}$$

言葉で説明すると，(x,θ) が純粋バーク・ナッシュ均衡であるとは，

(i) パラメータ θ を所与としたときに，行動 x が期待利得を最大化しておりかつ，

(ii) 行動 x を所与としたとき，このパラメータ θ が主観的分布と真の分布のズレを最小化している

[5] Esponda and Pouzo (2016) と Esponda, Pouzo, and Yamamoto (2019) は，ここで述べた純粋バーク・ナッシュ均衡だけでなく，混合戦略を許す混合バーク・ナッシュ均衡も考えている（混合バーク・ナッシュ均衡の定義は，両者の間で微妙な差異があり，Esponda, Pouzo, and Yamamoto (2019) の定義の方がより一般的である）．Esponda, Pouzo, and Yamamoto (2019) は行動頻度が収束するならば必ず，その収束先は（純粋または混合）バーク・ナッシュ均衡であることを示した．

という二つの性質が満たされることを言う．この定義は，自信過剰なマネージャーの例で考えたバーク・ナッシュ均衡の概念を一般的なモデルに拡張したものである．実際，本節で考える条件 (i) はマネージャーの例で出てきた条件 (9) に，同じく条件 (ii) は (8) に，それぞれ対応していることに注意されたい．

Esponda and Pouzo (2016) と Esponda, Pouzo, and Yamamoto (2019) は，行動 x がバーク・ナッシュ均衡であることは，経済主体の行動が x に収束してゆくための必要条件であることを示した．すなわち，長期的に経済主体が選び続ける行動が x であるならば，その行動 x はバーク・ナッシュ均衡でなければならない．この結果を，定理として述べておこう[6]．

定理

もし長期的に経済主体の選ぶ行動が x に収束するならば，その行動 x はバーク・ナッシュ均衡である．

2.6　不安定な均衡

さて，自信過剰なマネージャーの例においては，バーク・ナッシュ均衡であることは収束のための十分条件でもあった．つまり，十分な時間が経過した後は，マネージャーの行動と信念は確率 1 でバーク・ナッシュ均衡 $(\hat{x}, \hat{\theta})$ に収束してゆくのであった．それでは，これと同

[6] この定理の記述は,「収束」という言葉の厳密な定義をしていないため，いささか不正確である．正確には,「$P(\lim_{t\to\infty}(\sigma^{t-1}(h), \mu^t(h)) = (\delta_x, \delta_\theta)) > 0$ であるならば，(x, θ) はバーク・ナッシュ均衡である」という結果が成立する．ここで，$h = (x^t, y^t)_{t=1}^{\infty}$ はサンプルパス，P は h の確率分布，$\mu^t(h)$ はサンプルパス h を所与としたときの第 t 期の信念，$\sigma^{t-1}(h) \in \Delta X$ はサンプルパス h を所与としたときの第 $t-1$ 期までの行動頻度を表し，$\lim_{t\to\infty}(\sigma^{t-1}, \mu^t) = (\delta_x, \delta_\theta)$ とは (σ^{t-1}, μ^t) が $(\delta_x, \delta_\theta)$ に弱収束することを意味する．詳しい証明は，Esponda and Pouzo (2016) や Esponda, Pouzo, and Yamamoto (2019) を参照されたい．

様の結果が一般的な状況でも成立するのだろうか？

結論から述べると，答えは否である．バーク・ナッシュ均衡であることは,（定理で述べた通り）ベイズ学習の収束先であるための必要条件ではあるが，十分条件ではない．すなわち，(x,θ) がバーク・ナッシュ均衡であるからといって，経済主体の行動と信念がその (x,θ) に収束するとは限らない．実際，Esponda, Pouzo, and Yamamoto (2019) は，以下のような例が存在することを示した．

例 1 (x,θ) と (x',θ') という二つのバーク・ナッシュ均衡が存在する．十分時間が経過すると，経済主体の行動と信念は一つ目の均衡 (x,θ) に収束してゆく．二つ目の均衡 (x',θ') に収束する確率はゼロである．

例 2 バーク・ナッシュ均衡は一つしか存在しないが，経済主体の行動と信念は収束せず，永遠に振動し続ける．

この例 2 で述べた「行動と信念が収束しない」とは，大雑把に言えば，

> 経済主体の信念は「真のパラメータは θ だろうか，それとも θ' だろうか，それとも θ'' だろうか」という形で時間とともに変化し続け，それに伴って選ぶ行動も毎期変化してゆく．

といった状況のことをいう．第 2.4.1 節で説明した通り，経済主体が毎期同じ行動 x を選ぶような場合においては，信念は必ず収束するのであった．しかしこの例 2 から分かる通り，経済主体が毎期異なる行動を選ぶようなケースについては，この Berk の結果はもはや成立せず，信念が収束するとは限らない．このことから，我々の考えている問題は，Berk の考え

ていた問題とは本質的に異なる難しい問題であるということが分かる[7].

さて，上記の例に見られるような「バーク・ナッシュ均衡ではあるが，（十分時間が経過した後の）経済主体が決して選ぶことはない行動」のことを，Esponda, Pouzo, and Yamamoto (2019) は不安定な均衡（unstable equilibrium）と呼んだ．このバーク・ナッシュ均衡と不安定な均衡の関係性は，図 3 のようにまとめられる．

図 3　バーク・ナッシュ均衡と不安定な均衡の関係．行動が収束しない場合には，「長期的な行動の収束点」は空集合となり，バーク・ナッシュ均衡は全て不安定な均衡となる．

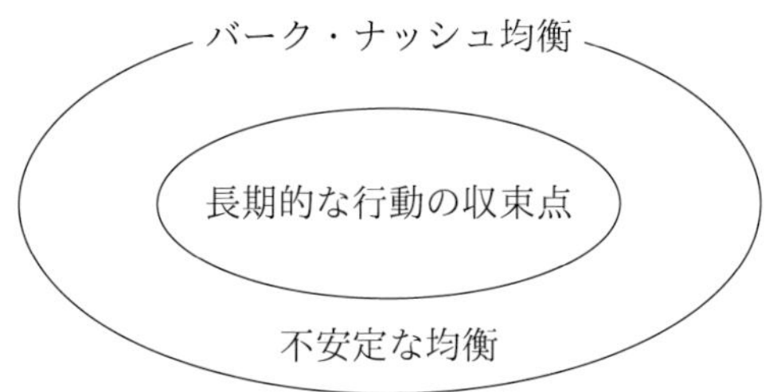

バーク・ナッシュ均衡を考えることの利点は，「（第 2.3 節で記述された）複雑なベイズ学習の結果，長期的に何が起こるか」について，非常にシンプルな条件式 (13) 及び (14) を解くことによって大まかなアイ

[7] 直観的には，この違いは以下のように説明することができる．Berk の考えた毎期同じ行動が選ばれるケースでは，(7) で定められた「データを説明するのに最も適したパラメータ $\hat{\theta}$」は常に一定である．従って信念は，（ノイズがあるため多少のバラツキはあるものの，平均的には）時間を通じてこの $\hat{\theta}$ に向けて収束していく．一方，毎期異なる行動が選ばれるモデルにおいては，(7) で定められた「データを説明するのに最も適したパラメータ $\hat{\theta}$」は，その期に選ばれた行動 $\hat{x}$ に依存して変化してしまう．例えば，第 1 期に行動 $\hat{x}$ が選ばれたとしよう．すると信念は，データに最もフィットするパラメータ $\hat{\theta}=\frac{\theta^*(\hat{x}+a)}{\hat{x}+A}$ に向けて動いてゆく．しかし信念が変化すると，別の行動 $\hat{x}'$ を選ぶようになる．すると，データにフィットするパラメータも $\hat{\theta}'=\frac{\theta^*(\hat{x}'+a)}{\hat{x}'+A}$ へと変化し，信念も $\hat{\theta}$ ではなく $\hat{\theta}'$ に向けて動いていくことになる．このように，我々の考えている問題においては信念の動く方向が毎期一定ではなく，従って長期的な信念の挙動も Berk の考えた問題より格段に複雑になってしまうのである．

デアを知ることができるという点である．しかしながらこれはあくまで「大まかなアイデア」に過ぎない．というのは，求められたバーク・ナッシュ均衡が不安定な均衡である可能性があり，その場合，経済主体の取る行動はバーク・ナッシュ均衡とはかけ離れたものになってしまうからである．よって，長期的な経済主体の行動について正しく理解するためには，経済主体の信念や行動が本当にバーク・ナッシュ均衡に収束するのかどうか（つまり，そのバーク・ナッシュ均衡が安定なのか，不安定なのか）を逐一チェックしていく必要がある．Esponda, Pouzo, and Yamamoto (2019) は，この均衡の安定性を議論するための統一的な理論を構築した．大雑把に言うとこの論文は，経済主体の行動や信念の時間を通じた変化の挙動が，確率的なノイズ項を含まないシンプルな微分方程式（ないし，その一般化である微分包含式）で近似できることを示した．よって，バーク・ナッシュ均衡が安定的であるかどうかを知るためには，その微分方程式を解いて，その解がバーク・ナッシュ均衡に収束するかどうかをチェックしてやれば良いということになる．この理論を具体的に紹介するためには，微分方程式論など数学の知識が必要となってしまうため，残念ながら本書では割愛させていただく．ご興味のある方は，原論文ないしは，現代経済学の潮流 2020（2021 年 2 月公刊）に収録されている解説論文をご覧いただきたい．

第3章　複数の経済主体がいるケース

前章では，経済主体が一人しかいないシンプルな状況を分析した．本章では，分析対象を拡大して，複数の経済主体が存在するようなケースを考える．あるグループのうち一部の人がバイアスを持つとすると，そのバイアスを持つ人の取る行動はどのように変化し，またそれは，周囲の（バイアスを持たない）人々の行動にどのような影響を与えるだろうか．さらに，個々人の利得はどのように変化するだろうか．本章では具体例を通じて，これらの疑問に答えていくことにする．なお本節の内容は，大阪大学室岡健志氏との共同論文（Murooka and Yamamoto (2021)）を再構成したものである，

3.1　共同ビジネスの問題

3.1.1　セットアップ

二人のマネージャーが，新規の共同プロジェクトを始めたとしよう．このプロジェクトの真の利潤率は $\theta^* = 0.5$ だが，プロジェクトが始まったばかりなのでマネージャーたちはこの真の利潤率を知らないものとする．具体的には前章での例と同様，各マネージャー i は $[0,1]$ 上の一様分布に従うと信じているとし，これは両者の間で共有知識であるとする．また，各マネージャーの能力は a_i で，$a = a_1 + a_2$ で能力の総和を表すものとする．以下では $a < 0.25$ であると仮定する．

各マネージャー i は，このプロジェクトへの労働量 $x_i \in [0, 0.25]$ を選

択する[1]．選ばれた労働量は各人の私的情報で，相手の労働量は直接観察できないものとする．これは経済学において非常によくある設定で，(i) 各マネージャーがリモートで働いているため，相手が何をしているか物理的に見ることができない，(ii) マネージャーたちは同じ場所で働いてはいるが，相手の労働量を定量化することは難しい（例えば，相手がデスクに向かっていたとしても，本当に一生懸命仕事をしているか，それとも別のことをしているか確認するのは難しい）など，様々なシチュエーションに対応している．

このプロジェクトの売り上げは高い ($y=1$) か低い（$y=0$）かの二通りで，高売り上げとなる確率は

$$\theta^*(x_1+x_2+a) \tag{15}$$

で与えられるとする．この高売り上げが実現する確率(15) は，第 2 章で考えたマネージャーが一人しかいないケースの自然な拡張となっていることに注意されたい．

売り上げはマネージャー間で折半され，またマネージャー i の労働に対するコストは $(x_i)^2$ で与えられるものとする．すると各マネージャー i の利得は

$$\frac{y}{2}-(x_i)^2$$

で表されることになる．

以下では，二人のマネージャーのうちマネージャー 2 のみが自信過剰であり，自身の能力が $A_2>a_2$ であると誤認しているようなケースを考えよう．このときマネージャー 2 は，二人の能力の総和が $A=a_1+A_2$ であると誤認しているため，高売り上げの確率が

$$y=\theta^*(x_1+x_2+A) \tag{16}$$

---

1 ここで労働量の上限が 0.25 となっているのは，(15) の値が 1 以下であることを保証するためである．

であると信じていることになる．一方マネージャー 1 は，二人の能力の総和が a であると正しく認識しており，従って高売り上げの確率が (15) 式で与えられるということを知っている．さらに，これらの情報はマネージャー間で共有知識だとする．つまり，マネージャー 1 は「マネージャー 2 は売り上げが (16) で与えられると信じている」ということを知っていて，マネージャー 2 は『マネージャー 1 は「マネージャー 2 は売り上げが (16) で与えられると信じている」ということを知っている』ということを知っていて … といった具合である．これは経済学では agreeing to disagreeing と呼ばれる状態で，各マネージャーが別々の主観を持っているということをお互いに認識している，という状況である．このとき，マネージャーたちはどのような行動を取るであろうか？

3.1.2　ベンチマーク：$\theta^* = 0.5$ が既知のケース

最初に，各マネージャーが真の利潤率 $\theta^* = 0.5$ を知っているようなケースを考えてみよう．このとき二人のマネージャーは，どのような労働量を選ぶであろうか？

まず，マネージャー 1 の行動から分析してみよう．マネージャー 1 は自分たちの能力の総和 $a = a_1 + a_2$ を正しく認識しているのであった．従って，労働量 x_1，x_2 を所与としたときのマネージャー 1 の期待利得は

$$\underbrace{\frac{\theta^*(x_1 + x_2 + a)}{2}}_{\text{折半された売り上げの期待値}} - \underbrace{(x_1)^2}_{\text{労働のコスト}} \tag{17}$$

であり，マネージャー 1 は相手の選択する労働量 x_2 を伺いながら，この利得を最大化しようとする．この「相手の出方を伺いながら自分の行動を決める」という状況を数理的に分析するのは一見難しいように

思えるかもしれないが，実はこの例においては，この問題は簡単に解くことができる．まず，マネージャー 1 が選択することができるのはあくまで自身の労働量 x_1 のみであることに注意されたい．従って結局マネージャー 1 が最大化するべきなのは，(17) 式のうち x_1 が関係する部分，つまり，

$$\frac{\theta^* x_1}{2} - (x_1)^2 \tag{18}$$

となる．この (18) 式は相手の労働量 x_2 と無関係なので，結局，マネージャー 1 は相手の選ぶ労働量を気にする必要はなく，単に (18) を最大化するような労働量，すなわち

$$x_1 = \frac{\theta^*}{4} = \frac{1}{8}$$

を選ぶことになる．

マネージャー 2 の行動についても，同様に分析することができる．マネージャー 2 は自信過剰であり，能力の総和が $A > a$ であると誤認しているため，労働量 x_1，x_2 を所与としたときのマネージャー 2 の主観的期待利得は

$$\frac{\theta^*(x_1 + x_2 + A)}{2} - (x_1)^2$$

である．マネージャー 2 が選択することができるのは自身の労働量 x_2 のみなので，結局マネージャー 2 は，この利得のうち x_2 に関係する部分，すなわち

$$\frac{\theta^* x_2}{2} - (x_2)^2$$

を最大化することになる．一階条件を取れば，この最大化問題の解が

$$x_2 = \frac{\theta^*}{4} = \frac{1}{8}$$

であることが容易に分かる．以上の議論から，θ^* が既知であるときには，二人のマネージャーはともに同じ労働量 $x_1 = x_2 = \frac{1}{8}$ を選ぶことが分かった．この労働量は，パラメータ A の値によらず一定であることに注意されたい．つまり，マネージャー2が自信過剰であるかどうかは，選ばれる労働量に何ら影響を及ぼさないことが分かる．

> 利潤率 $\theta^* = 0.5$ が既知のケースでは，どちらのマネージャーも同じ労働量 $x_1 = x_2 = \frac{1}{8}$ を選ぶ．この労働量は，マネージャー2が自信過剰であってもなくても，変化しない．

ところで，第2章で考えたマネージャーが一人しかいないケースでは，θ^* が既知のときに選ばれる投資水準は社会厚生を最大化する効率的なものであった．一方，本節で考えているような複数の経済主体がいるケースでは，たとえ θ^* が既知であっても，マネージャーたちは非効率的な労働量を選んでしまっている．実際，マネージャーたちが労働量 $x_1 = x_2 = \frac{1}{8}$ を選ぶときの各人の期待利得が

$$\frac{1}{4}\left(\frac{1}{8}+\frac{1}{8}+a\right)-\left(\frac{1}{8}\right)^2=\frac{1}{16}-\frac{1}{64}+\frac{a}{4}$$

であるのに対し[2]，もしそれぞれのマネージャーたちが労働量を増やして $x_1 = x_2 = \frac{1}{4}$ を選ぶとすると，各人はより大きな期待利得

$$\frac{1}{4}\left(\frac{1}{4}+\frac{1}{4}+a\right)-\left(\frac{1}{4}\right)^2=\frac{1}{16}+\frac{a}{4}$$

を得ることができる．このことから，二人のマネージャーがいるケースでは，過少労働が起こっていることが分かる．マネージャーたちが選ぶ労働量は自信過剰であるなしに関わらず一定であるので，この過

[2] ここでは，各マネージャーの得る真の期待利得（主観的期待利得ではない）を考えているので，能力の総和は A ではなく a として計算している．

少労働の問題は，マネージャー 2 がバイアスを持つ・持たないに関係なく発生している．

それではなぜ，このような過少労働の問題が発生するのだろうか．ポイントは，各マネージャーはあくまで自身の利得を最大化することのみを考えており，相手の利得がどうなるかについて全く考慮していないという点である．具体的には，仮にマネージャー 1 が労働量を $\frac{1}{8}$ から $\frac{1}{4}$ に増やした場合，高売り上げ $y=1$ の確率が上昇するため，相手（マネージャー 2）の利得は上昇する．すなわち，労働量を増やすことには，正の外部性が存在する．しかし実際に各マネージャーが労働量を選ぶ際には，この正の外部性については全く考慮されず，そのマネージャー自身の利得のみを最大化するような労働量が選ばれてしまう．その結果，選ばれる労働量 $\frac{1}{8}$ は，社会的に望ましい労働量 $\frac{1}{4}$ よりも小さな値となってしまう，これが過小労働が発生する原因である．この例から分かるように，一般に外部性が存在するような状況においては，各個人が社会的に望ましい行動とは異なる行動を取ってしまうということが経済学では広く知られている．

3.1.3 ベイズ学習モデル

それでは，マネージャーたちが時間を通じて θ^* を学習していくベイズ学習モデルを考えよう．マネージャーが一人のケースと同様，第 1 期，2 期，3 期 … と時間が無限に存在するものとする．各 t 期目において，マネージャーたちは労働量 x_i^t を選択し，売り上げ y^t を観察する．マネージャーたちはこの観察された売り上げから未知の利潤率 θ^* に関して学習していくわけだが，このときどんなことが起こるだろうか？

(1) 第 1 期目

まずは，第 1 期目においてマネージャーたちがどんな労働量を選ぶかについて考えよう．前節で説明した通り，利潤率 θ を所与とすると，労

働量 x_1，x_2 が選ばれたときのマネージャー 1 の期待利得は $\frac{\theta(x_1+x_2+a)}{2}-(x_1)^2$ である．しかし実際にはマネージャー 1 は利潤率を知らない（$[0,1]$ 上に一様分布していると信じている）ので，このマネージャーの第 1 期目の期待利得は，θ に関する期待値を取った

$$\int_0^1 \left(\frac{\theta(x_1+x_2+a)}{2}-(x_1)^2\right)d\theta = \frac{x_1+x_2+a}{4}-(x_1)^2$$

である．マネージャー 1 は，この利得のうち x_1 に関係する部分，すなわち

$$\frac{x_1}{4}-(x_1)^2$$

を最大化するので，結局選ばれる労働量は $x_1=\frac{1}{8}$ となる．

マネージャー 2 の行動についても同様に分析できる．利潤率 θ を所与とすると，労働量 x_1，x_2 が選ばれたときのマネージャー 2 の期待利得は $\frac{\theta(x_1+x_2+A)}{2}-(x_2)^2$ である．しかし実際にはマネージャー 2 は利潤率を知らないので，このマネージャーの第 1 期目の期待利得は，θ に関する期待値を取った

$$\int_0^1 \left(\frac{\theta(x_1+x_2+A)}{2}-(x_2)^2\right)d\theta = \frac{x_1+x_2+A}{4}-(x_2)^2$$

である．マネージャー 2 は，この利得のうち x_2 に関係する部分，すなわち

$$\frac{x_2}{4}-(x_2)^2$$

を最大化するので，選ばれる労働量は $x_2=\frac{1}{8}$ となる．

以上をまとめると，第 1 期目のマネージャーたちが選ぶ労働量は $x_1=x_2=\frac{1}{8}$ である．これは前節で考えた利潤率 θ^* が既知のケースと全く同

じ値となっているが，これは，$[0,1]$ 上に一様分布している利潤率の期待値が，真の値 $\theta^* = 0.5$ とちょうど一致しているためである．

(2) 第 2 期目

それでは次に，第 2 期に何が起こるか考えてみよう．第 2.3 節での分析と同様，ここで重要なのは，マネージャーたちは第 1 期目の売り上げ y^1 を通じて，未知の利潤率 θ^* について学習をしているという点だ．具体的には，第 1 期目の売り上げ y^1 が悪かった場合，マネージャーたちは未知の利潤率 θ^* が低いのではないかと考えるだろう．すると第 2 期には，マネージャーたちの労働意欲は減退し，少ない労働量を選ぶだろう．一方第 1 期目の売り上げが素晴らしかった場合，マネージャーは未知の利潤率 θ^* が高いのではないかと考えるだろう．すると第 2 期には，マネージャーたちは労働量を増加させるはずである．このように第 2 期にマネージャーがとる行動は，第 1 期の売り上げ次第で変化する．

以下では，このようなマネージャーの行動についてキチンとした記述をしていくが，ベイズの公式などを使う関係上，いくつか複雑な数式が出てきてしまう．興味のない読者は，本節の議論は読み飛ばしていただいて，直接第 3.1.4 節に進んでいただいて全く差し支えない．

(2-a) 第 1 期目が高売り上げ（$\boldsymbol{y^1 = 1}$）だったとき

まず，第 1 期目が高売り上げ $y^1 = 1$ であったケースから考えてみよう．この高売り上げを観察したケースにおいて，マネージャー i が信じる利潤率 θ^* の確率密度（信念）を，μ_i^2 で表すことにしよう．ベイズの公式を用いると，この信念 $\mu_i^2(\theta)$ を以下のように計算できる．

$$\mu_1^2(\theta) = \frac{\theta(x_1^1 + x_2^1 + a)}{\int_0^1 \tilde{\theta}(x_1^1 + x_2^1 + a)d\tilde{\theta}}, \quad \forall\theta \in [0,1],$$

$$\mu_2^2(\theta)=\frac{\theta(x_1^1+x_2^1+A)}{\int_0^1\tilde{\theta}(x_1^1+x_2^1+A)d\tilde{\theta}}\quad\forall\theta\in[0,1],$$

マネージャー1とマネージャー2の信念を求めるのにそれぞれ異なる式を使っているが，これは，バイアスを持たないマネージャー1が正しく情報を処理できるのに対し，マネージャー2は自信過剰であるために間違った情報処理をしてしまうためである．従って，たとえ第1期目にマネージャーたちが（利潤率に関して）同じ信念を持っていたとしても，第2期にはマネージャーたちはそれぞれ異なる信念を持つことになる．なお上記の式は，第2.3節で考えたベイズの公式(5)と本質的に同じであり，導出の仕方も全く同様であることに注意されたい．

このマネージャー1の信念 μ_1^2 を所与としたときの利潤率 θ^* の期待値は

$$E[\theta^*|\mu_1^2]=\int_0^1\theta\frac{\theta(x_1^1+x_2^1+a)}{\int_0^1\tilde{\theta}(x_1^1+x_2^1+a)d\tilde{\theta}}d\theta=\frac{\int_0^1\theta^2d\theta}{\int_0^1\tilde{\theta}d\tilde{\theta}}=\frac{2}{3}$$

である．同様に，マネージャー2の信念 μ_2^2 を所与としたときの利潤率 θ^* の期待値は

$$E[\theta^*|\mu_2^2]=\int_0^1\theta\frac{\theta(x_1^1+x_2^1+A)}{\int_0^1\tilde{\theta}(x_1^1+x_2^1+A)d\tilde{\theta}}d\theta=\frac{\int_0^1\theta^2d\theta}{\int_0^1\tilde{\theta}d\tilde{\theta}}=\frac{2}{3}$$

である．これらの値はいずれも第1期目における期待値0.5よりも高くなっており，この意味において，第1期目に高売り上げを観察したことで，マネージャーは利潤率について楽観的になっていることが確認できた．

さて，第2期目のマネージャー1は，この信念 μ_1^2 のもとでの期待利得

$$\frac{E[\theta^*|\mu_1^2](x_1^2+x_2^2+a)}{2}-(x_1^2)^2$$

を最大化する．この利得のうち x_1 に関係する部分は $\frac{E[\theta^*|\mu_1^2]x_1^2}{2}-(x_1^2)^2$ であるから，マネージャー 1 の選ぶ労働量は

$$x_1^2=\frac{E[\theta^*|\mu_1^2]}{4}=\frac{1}{6}$$

となる．同様に，マネージャー 2 の選ぶ労働量も

$$x_2^2=\frac{E[\theta^*|\mu_2^2]}{4}=\frac{1}{6}$$

となることが簡単に確認できる．第 1 期目と比較すると，マネージャーたちは利潤率 θ^* の平均値に関して楽観的になっている分，第 1 期より大きい労働量を選択している．

(2-b) 第 1 期目が低売り上げ（$\mathbf{y^1=0}$）だったとき

続いて，第 1 期目に低売り上げ $y^1=0$ だったケースについて考えよう．ベイズの公式より，このときのマネージャーたちの信念が

$$\mu_1^2(\theta)=\frac{1-\theta(x_1^1+x_2^1+a)}{\int_0^1(1-\tilde{\theta}(x_1^1+x_2^1+a))d\tilde{\theta}}\quad\forall\theta\in[0,1],$$

$$\mu_2^2(\theta)=\frac{1-\theta(x_1^1+x_2^1+A)}{\int_0^1(1-\tilde{\theta}(x_1^1+x_2^1+A))d\tilde{\theta}}\quad\forall\theta\in[0,1],$$

であることが分かる．これらの信念を所与としたときの利潤率 θ^* の期待値を計算すると，それぞれ

$$E[\theta^*|\mu_1^2]=\frac{\int_0^1\theta(1-\theta(x_1^1+x_2^1+a))d\theta}{\int_0^1(1-\tilde{\theta}(x_1^1+x_2^1+a))d\tilde{\theta}}=\frac{\frac{1}{2}-\frac{1}{3}(x_1^1+x_2^1+a)}{1-\frac{1}{2}(x_1^1+x_2^1+a)}<\frac{1}{2},$$

$$E[\theta^*|\mu_2^2]=\frac{\int_0^1\theta(1-\theta(x_1^1+x_2^1+A))d\theta}{\int_0^1(1-\tilde{\theta}(x_1^1+x_2^1+A))d\tilde{\theta}}=\frac{\frac{1}{2}-\frac{1}{3}(x_1^1+x_2^1+A)}{1-\frac{1}{2}(x_1^1+x_2^1+A)}<\frac{1}{2}$$

となる．低い売り上げ $y^1=0$ を見たことで，マネージャーが第 1 期に比べて利潤率に関し悲観的になっていることが確認できる．

マネージャーたちは，これら悲観的な信念のもとで期待利得を最大化する．高売り上げのケースと同様の議論により，選ばれる労働量は

$$x_1^2=\frac{E[\theta^*|\mu_1^2]}{4}<\frac{1}{8},\qquad x_2^2=\frac{E[\theta^*|\mu_2^2]}{4}<\frac{1}{8},$$

であることが分かる．第 1 期目の売り上げが悪く利潤率 θ^* に関して悲観的になったマネージャーは，第 2 期において労働量を減少させてしまうのである．

第 3 期以降についても同様に，マネージャーたちは過去の売り上げから信念を計算し，その信念の下でのナッシュ均衡を選ぶ．紙面の制約上詳細は省略するが，バイアスの影響により，マネージャー 1 の信念とマネージャー 2 の信念は時間が経過するごとにどんどん乖離していくことに注意されたい．

3.1.4　バーク・ナッシュ均衡

前節では，過去の売り上げ $(y^1,\ldots,y^{t-1})$ を所与としたときに各 t 期目に何が起こるかを分析した．それでは十分長い時間が経過したとき，マネージャーたちは最終的にどのような行動を取るだろうか？

前章のマネージャーが一人の例では，時間が十分経過した後は，信念も行動もバーク・ナッシュ均衡に収束するのであった．Murooka and Yamamoto (2021) は，本章で考えている複数のマネージャーがいるようなケースについても同様に，（ある一定の条件の下で）時間が十分経過した後の信念や行動がバーク・ナッシュ均衡に収束することを示した．各マネージャー i が学習した利潤率を $\hat{\theta}_i$ で表すとすると，この例におけるバーク・ナッシュ均衡とは，以下の条件を満たす組 $(\hat{\theta}_1,\hat{\theta}_2,\hat{x}_1,\hat{x}_2)$

のことをいう．

$$\hat{\theta}_1 = \theta^*, \tag{19}$$

$$\hat{\theta}_2(\hat{x}_1 + \hat{x}_2 + A) = \theta^*(\hat{x}_1 + \hat{x}_2 + a), \tag{20}$$

$$\hat{x}_1 = \frac{\hat{\theta}_1}{4}, \tag{21}$$

$$\hat{x}_2 = \frac{\hat{\theta}_2}{4} \tag{22}$$

(19) 式は，バイアスを持たないマネージャー 1 が真の利潤率を正しく学習するということを意味する．一方 (20) 式は，十分時間が経過した後には，バイアスを持つマネージャー 2 の信じる高売り上げの確率 $\hat{\theta}_2(\hat{x}_1 + \hat{x}_2 + A)$ が，真の確率 $\theta^*(\hat{x}_1 + \hat{x}_2 + a)$ とちょうど一致するということを意味する．この式を変形すると

$$\hat{\theta}_2 = \theta^* \frac{\hat{x}_1 + \hat{x}_2 + a}{\hat{x}_1 + \hat{x}_2 + A} < \theta^* \tag{23}$$

となり，自信過剰なマネージャー 2 は利潤率を過小評価しているということになる．(21) 式は，学習した利潤率 $\hat{\theta}_1$ を所与として，マネージャー 1 が自身の期待利得を最大化していることを意味する（第 3.1.2 節では，利潤率 θ^* が既知のときの最適な労働量が $x_1 = \frac{\theta^*}{4}$ であることを説明したが，それと全く同様である）．最後の (22) 式も同様に，学習した利潤率 $\hat{\theta}_2$ を所与として，マネージャー 2 が自身の期待利得を最大化していることを意味する．

この連立方程式を解いて，具体的に $\hat{x}_i$ や $\hat{\theta}_i$ がどのような値を取るか，みてみよう．まず (19) 式と (21) 式より，

$$\hat{\theta}_1 = 0.5, \quad \hat{x}_1 = \frac{1}{8}$$

であることが分かる．すなわち，バイアスを持たないマネージャーは真の利潤率を学び，そして第 3.1.2 節で分析した θ^* が既知のケースと同じ労働量 $x_1 = \frac{1}{8}$ を選ぶ．では，マネージャー 2 についてはどうだろうか．(20) 式にそれ以外の 3 つの式を代入してやると，

$$\hat{\theta}_2 \left(\frac{1}{8} + \frac{\hat{\theta}_2}{4} + A \right) = \theta^* \left(\frac{1}{8} + \frac{\hat{\theta}_2}{4} + a \right)$$

という式を得る．これを整理すると

$$4(\hat{\theta}_2)^2 + 16A\hat{\theta}_2 - (1+8a) = 0$$

という二次方程式になる．解の公式を使うと，十分時間が経過した後にマネージャー 2 が信じる利潤率は

$$\hat{\theta}_2 = -2A + \sqrt{16A^2 + (1+8a)}$$

となることが分かる．この値は，マネージャー 2 がバイアスを持たないとき，つまり $A = a$ のときにちょうど $\hat{\theta}_2 = \theta^* = 0.5$ となる．つまりバイアスが存在しないときは，マネージャー 2 も真の利潤率を正しく学ぶことになる．そしてこの $\hat{\theta}_2 = -2A + \sqrt{16A^2 + (1+8a)}$ は A に関する減少関数であるため，マネージャー 2 が自信過剰になればなるほど，利潤率を過小評価してしまうということが分かる．さらに (22) 式より，マネージャー 2 が自信過剰になればなるほど，（$\hat{\theta}_2$ が小さくなるので）マネージャー 2 の労働量も少なくなることが分かる．特に，

$$\hat{x}_2 \leq \hat{x}_1 = \frac{1}{8} \tag{24}$$

という不等式が成立していることに注意されたい．これは，自信過剰なマネージャー 2 は，バイアスを持たないマネージャー 1 よりも（利潤率に関して悲観的なので）少ない労働量を選ぶということを意味し

ている．

続いて，このバーク・ナッシュ均衡において，各マネージャーがどれだけの利得を得ているかをみてみよう．マネージャー i の期待利得を π_i で表すことにすると，

$$\pi_1 = \frac{\theta^*(\hat{x}_1 + \hat{x}_2 + a)}{2} - (\hat{x}_1)^2,$$

$$\pi_2 = \frac{\theta^*(\hat{x}_1 + \hat{x}_2 + a)}{2} - (\hat{x}_2)^2$$

である．右辺第一項は π_1，π_2 ともに共通であるが，これは，マネージャーたちが売り上げをちょうど半分に折半しているためである．一方，右辺第二項は労働コストを表しているが，この値は各マネージャーの選択する労働量に依存して決定される．(24) 式より，マネージャー 1 の方がマネージャー 2 よりも多くの労働量を投入しているので，マネージャー 1 の方が大きな労働コストを払わなければならない．よって，

$$\pi_1 \leq \pi_2 \tag{25}$$

という関係が成立する．つまり，自信過剰なマネージャー 2 の方が，バイアスを持たないマネージャー 1 よりも大きな利得を得るのである．また，マネージャー 2 の利得 π_2 は，$\hat{x}_2 < \frac{1}{8}$ においては，$\hat{x}_2$ に関する増加関数である．従って，マネージャー 2 が自信過剰になればなるほど（つまりパラメータ A が大きくなるほど），$\hat{x}_2$ は減少するので，利得 π_2 も減少することになる．(25) より，マネージャー 1 の利得はマネージャー 2 の利得よりもさらに小さいので，マネージャー 2 が自信過剰であることによって，両者の利得がともに減少してしまうということが分かる．

以上の結果をまとめておこう．

マネージャーたちが利潤率 θ^* を学習していくモデルにおいては，長期的には，バイアスを持たないマネージャー 1 は真の利潤率を正しく学習するが，自信過剰なマネージャー 2 は利潤率を過小評価し，労働量を低下させてしまう．その結果，二人のマネージャーの利得はともに減少する．特に，バイアスを持たないマネージャー 1 の利得の方が，より大きな負の影響を受ける．

ここにまとめられている通り，自信過剰な人がチーム内にいると，チームメンバー全員の利得が減少し，さらに，バイアスを持たない人の利得の方がより大きく減少するということが分かった．直観的にはこれは，以下のように説明ができる．上記の分析の通り，バイアスを持たない人は，相手が自信過剰であろうとなかろうと同じ労働量 $\hat{x}_1 = \frac{1}{8}$ を選ぶ．一方，自信過剰な人は労働量を減らしてしまう（$\hat{x}_2 < \frac{1}{8}$），つまり，相手から見れば仕事をサボっていることになる．結果，バイアスを持たない人からすればいわば「働き損」のような形になってしまっているのである．

3.1.5　自身の能力を過小評価しているマネージャー

本章ではこれまで，マネージャー 2 が自信過剰であるようなケースを考えてきたが，現実の応用例では，それとは逆に自身の能力を過小評価するマネージャーもいるかもしれない．このようなケースも，これまで扱った枠組みで全く同じように分析可能で，自信過剰なマネージャーのケースとは真逆の結果が得られる．

具体的には，マネージャーたちの能力の総和が $A < a$ であると過小評価しているようなマネージャー 2 を考えよう．このときも長期的には，マネージャーたちの労働量と信念はバーク・ナッシュ均衡へと収束する．そしてそのバーク・ナッシュ均衡の条件は，自信過剰のケー

スと全く同様，(19)–(22) 式で与えられる．(20) 式を変形すると，

$$\hat{\theta}_2 = \theta^* \frac{\hat{x}_1 + \hat{x}_2 + a}{\hat{x}_1 + \hat{x}_2 + A} > \theta^*$$

となり，マネージャー 2 は長期的には利潤率を過大評価することが分かる．自信の能力を低く見積もっているマネージャーは，想定より良い売り上げを平均的に観察し，それを利潤率が高いおかげだと解釈するのである．これは自信過剰のケースとちょうど真逆の結果である．

では，この均衡における労働量について考えてみよう．まずマネージャー 1 については，真の利潤率を正しく学習するので，バイアスの有無に関わらず同じ労働量 $\frac{1}{8}$ を選択する．一方マネージャー 2 は，利潤率を過大評価しているので，バイアスのないケースに比べて労働量を増加させる．これはマネージャー 2 個人にとっては過大な労働である．実際，第 3.1.2 節で分析した通り，真の利潤率を所与としたときのマネージャー 2 の最適労働量は $\frac{1}{8}$ であるが，$\hat{\theta}_2 > \theta^*$ であるため，このバーク・ナッシュ均衡ではマネージャー 2 はそれより大きな労働量を選んでしまっている．よって，マネージャー 2 の利得は，バイアスのないケースに比べて減少する．

一方，労働には正の外部性があるので，マネージャー 1 の利得は増加する．直感的には，マネージャー 1 は行動を変えていないのに相手が労働を増やしてくれるので，それに「ただ乗り」することで多くの利益を得られるのである．さらには，このビジネス全体の利潤（つまり，マネージャー 1 とマネージャー 2 の利得の和）も，バイアスがあることによって改善される．実際，第 3.1.2 節で述べた通りバイアスがないケースにおけるナッシュ均衡では過少労働の問題が発生しており，バイアスを持つマネージャー 2 が労働量を増やすことで，この過少労働の問題が緩和されるのである．

さて，モデルの分析は以上であるが，この結果を解釈するにあたっ

ての注意点を述べておこう．一般に model misspecification を用いたアプローチでは,「バイアスを持った経済主体は，どんなに時間が経過しようとも，そのバイアスを持ち続ける」という仮定が置かれている．例えば自信過剰なマネージャーの例では，どんなに想定よりも低い売り上げを観察しようとも，マネージャーは決してそれを自身の能力のなさによるものだとは考えず，利潤率が低いせいであると解釈する．第2.4.3節で紹介した通り,「自信過剰な経済主体は，時間が経過しても自信過剰なままである」という実証結果が報告されており，その意味では，この仮定はリーズナブルであるといえる．では一方，自信の持てないマネージャーについてはどうかというと，そのようなバイアスが長期的に淘汰されず生き残ることを示した実証結果は，筆者の知る限りまだ存在しない．従ってこの理論を用いる際には,「バイアスが長期的に淘汰されない」という仮定が妥当なのかどうか，キチンと注意を払うことが必要であるといえる．

3.2　戦略的状況とバイアス
～自信過剰なマネージャーは得をするか？～

前節の例では，各マネージャーにとっての最適な労働量が，相手が何をしているかに依存せず決まる（具体的には，利潤率 θ を所与とすると，最適な労働量は相手の行動によらず $\frac{\theta}{4}$）という性質が満たされていた．この性質のおかげで分析は非常に簡単なものとなっていたのだが，しかし現実には，この性質が満たされていない，すなわち自分の取るべき行動が相手の取る行動に応じて変化するような状況は多々ある．もっとも身近な例としては，じゃんけんゲームを考えてみるとよい．もし相手がグーを出すのであればこちらの最善手はパーだが，もし相手がチョキを出すのであれば，こちらの最善手はグーに変化する．このような状況のことを経済学では戦略的状況（strategic interaction）と呼ぶのだが，この戦略的状況においては，バイアスを持つことで（バイアスを持たないケースに比べて）得をする場合がある．本節では，具体例を通じて，どのようなときにバイアスを持つ人が得をするのか，詳しく説明していきたい．

3.2.1 戦略的代替関係

前節では，高売り上げの確率が (15) で与えられているような状況を分析した．本節では，この高売り上げの確率が

$$\theta^*(x_1+x_2-x_1x_2+a) \tag{26}$$

で与えられているような状況を分析する．前節の設定と比べると $-x_1x_2$ という項が加わっているのが違いなのだが，この項は，二人のマネージャーの労働が代替的であり，負のシナジー効果を持つことを表している．例えば，二人のマネージャーの仕事内容に重複があるような場合を考えてみると，総労働量 x_1+x_2 のうち重複部分は売り上げに結びつかないムダな労働となってしまう．この重複部分を表すのが，この $-x_1x_2$ という項である．

以下では，この労働が代替的であるという設定の下で，マネージャーたちが時間を通じて θ^* を学習していくベイズ学習モデルを分析する．

(1) 第 1 期目

まずは，第 1 期目においてマネージャーたちがどんな労働量を選ぶかについて考えよう．この労働が代替的なケースでは，利潤率 θ を所与とすると，労働量 x_1，x_2 が選ばれたときのマネージャー 1 の期待利得は $\frac{\theta(x_1+x_2-x_1x_2+a)}{2}-(x_1)^2$ である．しかし実際にはマネージャー 1 は利潤率を知らない（$[0,1]$ 上に一様分布していると信じている）ので，

このマネージャーの第1期目の期待利得は，θ に関する期待値を取った

$$\int_0^1 \left(\frac{\theta(x_1+x_2-x_1x_2+a)}{2}-(x_1)^2\right)d\theta=\frac{x_1+x_2-x_1x_2+a}{4}-(x_1)^2$$

である．マネージャー1は，この利得のうち x_1 に関係する部分，すなわち

$$\frac{x_1-x_1x_2}{4}-(x_1)^2$$

を最大化するのだが，ここで，この最大化問題の中に相手の労働量 x_2 が現れることに注意されたい．これは，マネージャー1にとっての最適な労働量が，相手の選ぶ行動 x_2 に依存して決まるということを意味する．実際，x_2 を所与として上記の利得の (x_1 に関する) 一階条件を考えると，マネージャー1にとって最適な労働量が

$$x_1=\frac{1-x_2}{8} \tag{27}$$

で与えられることが分かる．この式は，相手が労働量を増やせば増やすほどマネージャー1にとって最適な労働量は小さくなるということを表現しているが，これは労働が代替的（負のシナジー効果がある）ことの自然な帰結である．また同様の議論により，マネージャー2にとって最適な労働量も

$$x_2=\frac{1-x_1}{8} \tag{28}$$

となる．相手が労働量を増やすほど，マネージャー2にとって最適な労働量も小さくなるのである．

さて，このように自身の最適な行動が相手の行動に依存するような戦略的状況においては，各マネージャーは相手の出方を読み合いながら自身の行動を決めることになる．このとき，マネージャーたちはど

のような行動を取るだろうか？ この疑問に数理的アプローチで答えるのが，ゲーム理論であり，ナッシュ均衡という概念である．大雑把に言うと，ナッシュ均衡とは

- 各人が相手の出方を正しく予測しつつ
- その予測に基づいて自身の利得を最大化している

ような状態を言う．例えばこのマネージャーの例におけるナッシュ均衡は，(27) 式と (28) 式を同時に満たすような (x_1, x_2) の組，すなわち，

$$x_1 = x_2 = \frac{1}{9}$$

である．この労働量の組 $(\frac{1}{9}, \frac{1}{9})$ がナッシュ均衡であることは，以下のように確認することができる．まず (27) 式より，もしマネージャー 1 が相手の選ぶ労働量 $x_2 = \frac{1}{9}$ を正しく予想しているならば，ナッシュ均衡に従って $x_1 = \frac{1}{9}$ を選択することが最適である．この意味において，マネージャー 1 は，上の箇条書きにされた条件を満たしていることが分かる．同様に (28) 式より，もしマネージャー 2 が相手の選ぶ労働量 $x_1 = \frac{1}{9}$ を正しく予想しているならば，ナッシュ均衡に従って $x_2 = \frac{1}{9}$ を選ぶことが最適である．

ゲーム理論に馴染みのない読者の方は,「なぜこのナッシュ均衡というものを解概念として用いるのか」「マネージャーたちは本当にナッシュ均衡労働量を選ぶのか」と疑問に思われるかもしれない．これについて確認するために，仮にマネージャーたちが，ナッシュ均衡ではない労働量の組 (x_1, x_2) を選んでいたとしよう．するとナッシュ均衡の定義より，このとき少なくともどちらかのマネージャーが

- 相手の取る行動を正しく予想していないか，または
- 自身の取る行動が最適なものではない

ということになる．しかし，マネージャーたちがお互いのことを良く知っているならば相手の行動は正しく予想できるはずだし，また，マネージャーたちが合理的であるならば各人の取る行動は最適なものでなければならない．従って，このような「ナッシュ均衡ではない」労働量の組が選ばれることは（マネージャーたちが合理的であるならば）ありえないのである．

なお，これまでに何度も出てきたバーク・ナッシュ均衡の概念は，ある意味このナッシュ均衡の概念をベイズ学習モデル用に拡張したものである．これについては後ほど，その関係性について説明したいと思う．

(2) 第 2 期目

それでは次に，第 2 期に何が起こるか考えてみよう．マネージャーたちは，第 1 期目に観察された売り上げ y^1 から未知の利潤率を学習している．このとき各マネージャー i が信じる利潤率 θ^* の確率密度（信念）を，μ_i^2 で表すことにしよう．この信念は，第 3.1.3 節で議論した通り，ベイズの公式を用いて計算することができる．アイデアは全く同じであるので，ここでは細かい導出は省略させていただく．

このマネージャー 1 の信念 μ_1^2 を所与としたとき，マネージャー 1 の期待利得は

$$\frac{E[\theta^*|\mu_1^2](x_1^2+x_2^2-x_1^2x_2^2+a)}{2}-(x_1^2)^2$$

である．x_1^2 に関する一階条件を考えると，マネージャー 1 にとって最適な労働量は

$$x_1^2=\frac{E[\theta^*|\mu_1^2](1-x_2^2)}{4} \tag{29}$$

である．第 1 期目と同様，相手が労働量を増やすほど，マネージャー 1 にとって最適な労働量は小さくなっていくことに注意されたい．同

様の議論により，マネージャー 2 にとって最適な労働量は

$$x_2^2 = \frac{E[\theta^*|\mu_2^2](1-x_1^2)}{4} \tag{30}$$

である．ナッシュ均衡は，この (29) 式と (30) 式がともに満たされる点なので，この連立方程式を解けば

$$x_1^2 = \frac{4E[\theta^*|\mu_1^2] - E[\theta^*|\mu_1^2]E[\theta^*|\mu_2^2]}{16 - E[\theta^*|\mu_1^2]E[\theta^*|\mu_2^2]},$$

$$x_2^2 = \frac{4E[\theta^*|\mu_2^2] - E[\theta^*|\mu_1^2]E[\theta^*|\mu_2^2]}{16 - E[\theta^*|\mu_1^2]E[\theta^*|\mu_2^2]}$$

となることが分かる．

第 3 期以降のマネージャーたちの行動についても同様にして分析可能であるが，紙幅の都合上，割愛させていただく．

3.2.2 補足：本当にヒトはナッシュ均衡戦略に従うのか？

前節では,「複数の経済主体が相手の行動を読み合うときに取る行動は，ナッシュ均衡になる」という仮定の下でマネージャーたちの行動を分析した．しかしこれは現実的に妥当な仮定なのだろうか？ 我々が様々な状況に直面したときに取る行動は，本当にナッシュ均衡戦略と一致しているのだろうか？

実際に人々がナッシュ均衡戦略に従わない例というのはいくつかあるが，ここではその一つを紹介しよう．ゲーム理論の期末試験で，以下のようなボーナス問題があったとする．

> 0 から 100 までの間の好きな数字を一つだけ，選びなさい．試験終了後，受講者全員の選んだ数字の平均を計算し，それに $\frac{2}{3}$ をかけたものを X で表すことにします．この X 以

> 下の数字の中で最も X に近い数字を選んだ人に，ボーナスポイント 10 点をプレゼントします．それ以外の人には，ボーナスポイントはありません．

例えばこの講義の受講者が 50 人だったとして，その中の 20 人が 0，別の 20 人が 100，残りの 10 人が 20 を選んだとしよう．このとき選ばれた数字の平均は $\frac{1}{50}(0\cdot 20+100\cdot 20+20\cdot 10)=44$ であるから $X=\frac{2}{3}\cdot 44\approx 29$ となる．よってこの場合，20 を選んだ 10 人がボーナスポイントをもらえることになる．

この問題でボーナスポイントをもらうためには，相手がどのような数字を選ぶかうまく予測し，そして予測された数字 X に近い数字を選ばなければならない．このとき，あなたはどのような数字を選ぶだろうか？

まずゲーム理論的な解答を先に述べると，このゲームにおけるナッシュ均衡は「クラス全員が 0 を選ぶ」ことである．これは以下のように考えればすぐに分かる．まず，66 より大きい数字を選ぶことはナンセンスである．実際，仮に全員が 100 を選んだとしても $X=66.666\cdots$ であり，67 以上の数字は X より大きくなってしまい，ボーナスポイントをもらうことはできない．従ってボーナスポイントが欲しければ，必ず 66 以下の数字を選ばなければならない．これによってナッシュ均衡では全員が 66 以下の数字を選ぶことが分かるが，すると 45 以上の数字を選ぶこともナンセンスになる．実際，全員が 66 を選んだとしても $X=44$ であり，従って 45 以上の数字を選ぶ学生はボーナスポイントをもらえなくなってしまう．これを繰り返すと，「全員が 0 を選ぶ」以外ナッシュ均衡にはなりえないことがすぐに分かる．

しかしあなたが数字を選ぶとしたら，本当にナッシュ均衡の通り 0 を選ぶだろうか？　実際に大学での講義を受講する学生にこの問題を出してみると，多くの場合彼らの選ぶ数字はナッシュ均衡戦略の 0 よりかなり大きな数字を選ぶ．さすがに 100 を選ぶような学生はいないが，しかし 50 以上の大きい数字を選ぶような学生も散見され，だいたいの場合勝者の選ぶ数字は 10 から 15 の間ぐらいになる．

なぜ学生たちは，ナッシュ均衡戦略である 0 を選ばないのだろうか？その理由の一つに，「学生たちがこのゲームに習熟しておらず，他の学生がどのような数字を選ぶのかうまく予想できていないから」という問題があげられるだろう．前節で説明したとおり，ナッシュ均衡とは「各人が相手の行動を正しく予想した上で利得を最大化する」ような状態であった．逆に言うと，もし現実のプレイヤーが何らかの理由で相手の行動を正しく予想できない場合，彼らがナッシュ均衡戦略を取る必然性はなくなってしまう．実際，前述の 50 より大きい数字を選んだ学生たちに「なぜその数字を選んだのか」と聞いてみると，

> ボーナスポイントをもらうためには，X になるべく近い数を選ばなければならないので，他の学生の数字に比べて小さすぎる数字を選んでしまうとポイントをもらえない．他の学生がもっと大きい数字を選ぶことを予想していたので，自分も大きな数字を選んだ．

という答えが返ってくることがほとんどであり，彼らは他の学生の選ぶ数字についてうまく予想を立てられなかったことが分かる．

この例から，現実にナッシュ均衡が選ばれるためには「各人がゲームに習熟しており，相手の行動を正しく予想できる」という条件が重要であることが推測される．実際，上記のゲームを学生たちで何度も繰り返しプレイさせてみるとほとんどの場合，学生たちは「この問題でボーナスポイントを得るためにはもっと低い数字を選ばなければならない」ということを学習し，次第に 0 に近い数字を選ぶようになっていく様子が観察される．筆者の経験では，だいたい 5 回か 6 回ゲー

ムを繰り返すことで，ほとんどの学生が（ナッシュ均衡戦略に近い）5 以下の数字を選ぶようになる．

もちろん，この「何度も同じゲームを繰り返せば，経験を通じて相手の行動を正しく予測できるようになる」という結果が上記の例以外の一般のケースでも起こるかというと，それは全く明らかではない．しかしながら本書を読み進めるにあたっては，「人々が互いに何をするか正しく予測できるような状況であれば，実際にナッシュ均衡戦略が取られるであろう」ということの妥当性に納得していただければそれで充分である．特に，特定の環境下で繰り返し観察される行動のパターンが存在するならば，その行動はナッシュ均衡となっているはずである．これは，ナッシュ均衡でない状態においてはパターンから逸脱してより高い利益を得られる人が必ず一人は存在しており，もしその状態が長く続くようであれば，その人は（より高い利益を求めて）そのパターンからの逸脱を試みるはずだからである．この意味でナッシュ均衡は，「行動の典型的なパターン」を分析するにあたって現実と非常にフィット感の良い解概念であるといえるだろう．

3.2.3　バーク・ナッシュ均衡

それではいよいよ，このベイズ学習モデルにおいて十分時間が経過した後に，どんなことが起こるのかを見てみよう．本節で考えている労働が代替的なケースでは，バーク・ナッシュ均衡は以下の条件を満たすような組 $(\hat{\theta}_1, \hat{\theta}_2, \hat{x}_1, \hat{x}_2)$ のことをいう．

$$\hat{\theta}_1 = \theta^*, \tag{31}$$

$$\hat{\theta}_2(\hat{x}_1 + \hat{x}_2 - \hat{x}_1\hat{x}_2 + A) = \theta^*(\hat{x}_1 + \hat{x}_2 - \hat{x}_1\hat{x}_2 + a), \tag{32}$$

$$\hat{x}_1 = \frac{\hat{\theta}_1(1 - \hat{x}_2)}{4}, \tag{33}$$

$$\hat{x}_2 = \frac{\hat{\theta}_2(1-\hat{x}_1)}{4} \tag{34}$$

第 3.1.4 節と同様，(31) 式は，バイアスを持たないマネージャー 1 が真の利潤率を正しく学習するということを意味する．(32) 式は，十分時間が経過した後には，バイアスを持つマネージャー 2 の信じる高売り上げの確率が真の確率とちょうど一致するということを意味する．この式を変形すると

$$\hat{\theta}_2 = \theta^* \frac{\hat{x}_1 + \hat{x}_2 - \hat{x}_1\hat{x}_2 + a}{\hat{x}_1 + \hat{x}_2 - \hat{x}_1\hat{x}_2 + A} < \theta^* \tag{35}$$

となり，自信過剰なマネージャー 2 は利潤率を過小評価していることが分かる．(33) 式は，学習した利潤率 $\hat{\theta}_1$ を所与として，マネージャー 1 が自身の期待利得を最大化していることを意味する．この式の導出は，(29) 式と全く同様である．最後の (34) 式も同様に，学習した利潤率 $\hat{\theta}_2$ を所与として，マネージャー 2 が自身の期待利得を最大化していることを意味する．

それではこのバーク・ナッシュ均衡における労働量について，詳しく分析してみよう．(33) 式と (34) 式から，

$$\hat{x}_1 = \frac{4\theta^* - \theta^*\hat{\theta}_2}{16 - \theta^*\hat{\theta}_2},$$

$$\hat{x}_2 = \frac{4\hat{\theta}_2 - \theta^*\hat{\theta}_2}{16 - \theta^*\hat{\theta}_2}$$

となることが分かる．この $\hat{x}_2$ は $\hat{\theta}_2$ に関する増加関数であるので，マネージャー 2 が自信過剰であるときには，($\hat{\theta}_2$ を過小評価するので）自信過剰でないケースよりも労働量を減らしてしまうということが分かる．この結果は，第 3.1.4 節で扱ったケースと全く同様である．

一方，$\hat{x}_1$ は $\hat{\theta}_2$ に関する減少関数である．よって上記の議論とは逆に，

マネージャー 2 が自信過剰であるときには,（自信過剰でないときに比べて）相手のマネージャー 1 は労働量を増やすことになる．すなわち，マネージャー 2 が自信過剰であるときは，その自信過剰である本人は労働量を減らしてしまうが，それ以外の人は労働量を増加させるのである．

この結果は，直観的には以下のように解釈できる．前節での分析の通り，自信過剰なマネージャー 2 は長期的には労働量を減らしてしまう．するとマネージャー 1 はそれに対する最適な反応を取ろうとするわけだが，労働が代替的であるときは，相手が労働を減らしたときには，自身の最適な労働量は増加する（これは (27) 式を見れば明らかであろう）．従ってマネージャー 1 は，労働量を増やすのである．

ではいよいよ，利得について見てみよう．このバーク・ナッシュ均衡におけるマネージャー 2 の真の期待利得は

$$\frac{\theta^*(\hat{x}_1+\hat{x}_2-\hat{x}_1\hat{x}_2+a)}{2}-(\hat{x}_2)^2$$

である．(33) 式を代入して整理すると，この利得は

$$\begin{aligned}
&\frac{\theta^*}{2}\left(\frac{\hat{\theta}_1(1-\hat{x}_2)}{4}+\hat{x}_2-\frac{\hat{\theta}_1(1-\hat{x}_2)}{4}\hat{x}_2+a\right)-(\hat{x}_2)^2\\
&=\frac{1}{32}-\frac{1}{32}\hat{x}_2+\frac{1}{4}\hat{x}_2-\frac{1}{32}\hat{x}_2+\frac{1}{32}(\hat{x}_2)^2+\frac{a}{4}-(\hat{x}_2)^2\\
&=-\frac{31}{32}(\hat{x}_2)^2+\frac{3}{16}\hat{x}_2+\frac{a}{4}+\frac{1}{32}\\
&=-\frac{31}{32}\left(\hat{x}_2-\frac{3}{31}\right)^2+\frac{9}{992}+\frac{a}{4}+\frac{1}{32}
\end{aligned}$$

と書き直せる．やや複雑な形をしているが，この利得が $\hat{x}_2$ に関する二次関数の形で表現されており，特に $\hat{x}_2=\frac{3}{31}$ のときに最大化されているというところが重要である．

さて，マネージャー 2 が自信過剰でないときには，バーク・ナッシュ均衡で選ばれる労働量は $\hat{x}_2 = \frac{1}{9}$ である（これは，(33) 式と (34) 式に $\hat{\theta}_2 = 0.5$ を代入すればただちに導かれる）．従ってそのときの利得は，上記の二次関数に $\hat{x}_2 = \frac{1}{9}$ を代入することで求められる．

一方，マネージャー 2 が自信過剰であった場合には，バーク・ナッシュ均衡においてマネージャー 2 が選ぶ労働量は，自信過剰でないケースに比べて減少するのであった．特に，マネージャー 2 の自信過剰の程度が軽度である場合には（つまり，パラメータ A が a から離れすぎていない場合には），均衡での労働量は $\frac{1}{9}$ よりもほんの少し小さい値，つまり

$$\frac{3}{31} < \hat{x}_2 < \frac{1}{9}$$

となる．このとき明らかに，(上記の二次関数で表現されている）マネージャー 2 の利得は，自信過剰ではないケースよりも増加している．労働が代替的である場合には，自信過剰である人は（自信過剰でない場合に比べて）得をするのである！

なぜこのようなことが起こるのだろうか？ マネージャー 2 が自信過剰なときは，自身は労働量を減らすものの，相手は労働量を増やすのであった．これはすなわち,「自信過剰なマネージャー 2 はサボっているのに，相手はとても頑張って働いている」という状態である．にもかかわらずこの共同ビジネスから得られる利潤は二人の間で折半することになっているので，マネージャー 1 は働き損，一方のマネージャー 2 は，相手の努力にただ乗りする形となっている．このため，自信過剰なマネージャー 2 は，自信過剰でないケースに比べて高い利得を得られるのである．

以上の議論をまとめておこう．

労働が代替的でマネージャーたちが利潤率 θ^* を学習していくモデルにおいては，長期的には，バイアスを持たないマネージャー 1 は真の利潤率を正しく学習するが，自信過剰なマネージャー 2 は利潤率を過小評価する．その結果，マネージャー 2 は労働量を減らすが，（労働の代替性より）マネージャー 1 は労働量を増やすことになる．また自信過剰の程度が大きすぎない場合には，マネージャー 2 の利得は増加する．

本節を締めくくるにあたって，ナッシュ均衡とバーク・ナッシュ均衡の関係性について簡単に説明しておこう．バーク・ナッシュ均衡の条件は (31)–(34) 式で与えられるが，このうち (33) 式と (34) 式はまさに，ナッシュ均衡の条件と同じである．すなわち，ある利潤率 $\hat{\theta}_1$ と $\hat{\theta}_2$ が与えられたときにマネージャーたちがナッシュ均衡労働量を選んでいるということを示唆している．バーク・ナッシュ均衡はそこから一歩先に進んで，マネージャーたちの信じる利潤率 $\hat{\theta}_1$ と $\hat{\theta}_2$ がどう内生的に決まるかについて，(31) 式，(32) 式で定めている．この意味において，バーク・ナッシュ均衡はナッシュ均衡の概念を拡張したものであるといえる．

3.2.4　バイアスのコミットメント効果

読者の皆さまは，コミットメント効果という言葉をご存知だろうか．これはミクロ経済学，特にゲーム理論の講義で必ず出てくる基本的な概念なのだが，前節で見た「自信過剰なマネージャーが得をする」という結果は，実はこのコミットメント効果と深い関わりがある．

コミットメント効果とは，やや乱暴な言い方をすれば，「自身の取れる行動の選択の幅を狭め，あえて最適な行動を取れなくすることで，かえって得をすることがある」という現象のことをいう．これは一見おかしなことを言っているように思えるかもしれないが，いくつか具体例を通じて考えてみよう．(コミットメント効果というキーワードで google 検索をすると他にも多くの例が出てくるので，興味のある方は参考にされたい.)

スペインのメキシコ遠征

16 世紀初頭にスペイン人のエルナン・コルテスは，メキシコのアステカ帝国を植民地化するために出兵した．その際コルテスは，ユカタン半島上陸後自分たちの乗ってきた船を焼き払った．これは一見おかしな行為のように思えるかもしれないが，これによって，兵士たちは逃亡することができなくなり，アステカ帝国と戦う以外の選択肢がなくなった（これが，戦うことへのコミットメントである）．結果コルテスたちがアステカ征服に成功したのは，皆さまご承知の通りである．

イノベーターのアドバンテージ

新たな技術を開発した会社は，巨大な生産工場を作ることで，しばしばその市場を独占できることがある．巨大工場を作るということは「今後大量の商品を毎日生産してゆく」ことに対してのコミットメントであり，この場合競合他社は，その市場に参入しても過当競争になることを恐れ，参入しなくなるのである．なおこれに関連して，欧米のビジネススクールのケーススタディなどでよく取り上げられる例として，CD(コンパクトディスク) の技術を開発したオランダの Philips 社の経営判断の問題がある．CD を開発した Philips は，巨大な CD の生産工場を作るか作らないか，という選択に直面した．もし工場を作れば将来の CD 市場で独占的に振る舞えるという大きなメリットがある一方，当時 CD はまだ新しい技術であり，どの程度市場が大きくなるのかは不透明であった．結局 Philips はリスクを取らずに工場を建設しないことにしたのだが，後の CD 市場の発展を見ると，この判断は（結果論ではあるが）失敗であったといえよう．

さて，なぜこのように「あえて自分の選択の幅を減らすこと」が得になるのだろうか．ポイントは，自身の選択の幅を狭めた時，それに応じて相手が行動を変える可能性があるということだ．巨大な工場をあえて作ることで，競合他社の参入を防ぎ結果として得をする，というストーリーは，その好例である．コミットメントをすることで（自身の選択の幅は狭まるものの）相手の取る行動を誘導して利益を得る，というのがコミットメント効果の本質である．

実は我々の分析した自信過剰なマネージャーの例においても，これと同じロジックが働いている．我々のモデルにおいては自信過剰なマネージャーは労働量を減らすが，これはつまり，自信過剰であることと「労働量を減らすことにコミットメントしている」ということがほぼ同義であるということである．このコミットメントの結果，相手はそれに合わせて労働量を増やすため，結果として自信過剰なマネージャーは相手の労働に「ただ乗り」ができて得をする，というわけである．

このバイアスの持つコミットメント効果は，共同ビジネス以外の状況においても分析がされている．例えばKyle and Wang (1997) は，寡占市場において一方の企業の経営者が自信過剰であるような状況を分析し，自信過剰な経営者のいる企業が競争に勝って得をするという結果を示した．直感的には，自信過剰である経営者は通常より積極的な生産計画を立てるため,「過剰生産をすることにコミットメントしている」のとほぼ同義である．すると競争相手は過当競争を恐れ生産を減らすため，結果として自信過剰な経営者のいる企業はその市場において独占的に振る舞えることになるのである．

3.3　高次のバイアス: 相手のバイアスに関するバイアス

前節では，自身または相手の能力に関するバイアスを持つマネージャーを分析した．このような「自身の置かれた物理的環境に関するバイアス」のことを，Murooka and Yamamoto (2021) は一次のバイアス（first-order misspecification）と呼んだ．しかし経済主体が複数いるような場合には，この一次のバイアス以外にも様々なバイアスが存在しうる．

例えば，あなたが社内の新規プロジェクトチームのメンバーになったとしよう．このプロジェクトには複数の同僚が関わっているが，そのうち一人が，あなたから見て自信過剰であったとする．例えば，これまであまり実績を残せていないにも拘らず常に自信たっぷりに話す同僚を想像してみるといいだろう．

このとき，もしかするとあなたの持つ印象は本当に正しくて，その同僚は実際に自信過剰なのかもしれない．これはちょうど，前章で分析した一次のバイアスのケースにあたる（前章のモデルでは，マネージャー 1 はマネージャー 2 が自信過剰であることを正しく認識していたことを思い出されたい）．しかし，もしかしたらあなたの持っている印象は間違っているかもしれない．つまり，その同僚は実際には自身の能力が高くないことを正しく認識しているかもしれない．この場合，あなたは「同僚は自信過剰である（しかし実際にはそうではない）」という偏見（prejudice）を持っていることになるが，これは「相手が物理的環境に対してバイアスを持っているかどうか」に関するバイアスなので，Murooka and Yamamoto (2021) が二次のバイアス（second-order misspecification）と呼ぶものに相当する．

また前節では「マネージャー 2 が自信過剰であり，マネージャー 1 はそれを知っている」ような状況を分析したが，現実には，「マネージャー 1 が，マネージャー 2 が自信過剰であることに気づいていない」ような状況などもありうるだろう．このときマネージャー 1 は,「相手がバイアスを持っているか（自信過剰であるかどうか)」に関してバイアスを持っているので，これも二次のバイアスということになる．

さて，これら高次のバイアスが存在するときには，どのようなことが起こるだろうか？ 重要なポイントは，たとえ一次のバイアスが存在しない（つまり物理的な環境を正しく理解している）ケースであっても，高次のバイアスが存在するときには，ベイズ学習の結果未知の経済変数を正しく学習できない可能性があるということである．

例えば，マネージャー 2 が自信過剰であり，マネージャー 1 がそれに気づいていないようなケースを考えてみよう．前節で分析した通り，自信過剰なマネージャー 2 は，長期的には労働量を減少させるはずである．しかしマネージャー 1 は相手が自信過剰であることに気づいていないため，労働力を減少させているとは想定していない．その結果マネージャー 1 は，自身の期待していたよりも平均的に低い売り上げを観察することとなり，最終的には未知の利潤率に関して悲観的になってしまうのである．このとき，マネージャー 1 は自身の能力について正しく認識しているにも拘らず，未知の利潤率を正しく学習できないという点が重要である．Murooka and Yamamoto (2021) は，これら高次のバイアスが存在するようなケースを分析するための一般的な枠組みを提示し，様々な例を分析している．例えば,「女性は生まれつき男性に比べて数学的能力が劣る」というバイアスを持つ教師についた女子学生は，次第にそのバイアスに感化されて自身の数学的能力に自信が持てなくなってしまうという事実が知られている（Carlana (2019)）．Murooka and Yamamoto (2021) は，高次のバイアスのモデルを使うことで，この現象を理論的に説明できることを示している．ご興味のある方は，こちらの論文もご覧いただきたい．

おわりに

本書を締めくくるにあたって，model misspecification の理論がどのようなときに役に立つか，簡単にご紹介していきたい．

本書での結果がそのまま有用なのが，組織・契約のデザインに関する問題である．例えば第 3.2.4 節で述べた通り，寡占市場においてある企業の経営者が自信過剰であるとすると，(コミットメント効果が働くので）その企業はより高い利益を得られるのであった．これはすなわち，企業の CEO などの役職の人選においては，敢えて自信過剰な人を選ぶことで高収益を得られる可能性があるということを示唆している[1]．また仮に候補者の中に自信過剰な人物がいなかったとしても,「企業が高収益を上げることができた場合には，CEO には特別ボーナスを出す」といったリスクのある契約を結ぶことで，CEO が積極的な経営戦略を取るようになり，その結果，CEO が自信過剰であったケースと同様のコミットメント効果を得ることが可能となる．もちろん，自信過剰な人物を CEO に選ぶことには，リスクもある．例えば，景気が悪くなってビジネスを縮小すべきであるときであっても，自信過剰な CEO は依然として積極的な経営戦略を取ってしまうかもしれず，結果として大きな損害を出してしまうかもしれない．結局，CEO として自信過剰な人物を選ぶべきかどうかは，ケースバイケースでコストとベネフィットを比較して決めなければならないのだが，その際，見過ご

[1] コミットメントの理論においては，テロ対策委員会の委員長にタカ派の人物を起用することで「テロリストには絶対に譲歩しない」という戦略にコミットメントできて結果としてテロ発生の可能性を減らすことができる，などと言われるが，それと全く同じアイデアである．

されやすいベネフィットとしてコミットメント効果があるということは，気に留めておくべきであろう．

また本書では二人のマネージャーが対等な立場で共同ビジネスを行うモデルを考えたが，実際の企業においては，実務を行う人，その後方支援を行う人，それらの活動を統括しリーダーシップを取る人，など様々な役職があり，その組織において個人がバイアスを持った時のコミットメント効果はより複雑なものとなるであろう．この点を踏まえた上で，自信過剰な人をどのような役職につけるのがより効率的か，といった問題を考えてみるのも，組織のデザインという観点から有用かもしれない．

金融・マクロ経済学の分野では既に，model misspecification の枠組みを使った論文がいくつか発表されている．例えば Cho and Kasa (2017) や Molavi (2020) は，景気や株価の動きを誤認している (例えば，実際には複数の経済変数に依存して決まる景気変動の動向を，一つの経済変数のみによって決まるものと誤認している) 人々からなる経済モデルを考えた．そしてこの model misspecification を含むモデルを考えることで，従来の経済モデルでは説明のできなかった景気や株価の大きな波を，説明できるようになることを示した．中央銀行やシンクタンクの方々にも，このような枠組みを活用していただくことで，従来よりもより精度の高い経済や株価の予測ができるようになるかもしれない．

本書の冒頭でも述べた通り，ミクロ経済学における model misspecification の研究はまだ新しく，今後さらなる理論の深化と，それに付随する応用研究の発展が期待される．本書が，この分野へ興味を持たれた方の学習の一助となれば幸いである．

参考文献

Berk, R.H. (1966): "Limiting Behavior of Posterior Distributions when the Model is Incorrect," *Annals of Mathematical Statistics* 37, 51–58.

Carlana, M. (2019): "Implicit Stereotypes: Evidence from Teachers' Gender Bias," *Quarterly Journal of Economics*, 134 (3), 1163–1224.

Cho, I.-K. and K. Kasa (2017): "Gresham's Law of Model Averaging," *American Economic Review*, 107 (11), 3589–3616.

Esponda, I. and D. Pouzo (2016): "Berk-Nash Equilibrium: A Framework for Modeling Agents with Misspecified Models," *Econometrica* 84, 1093–1130.

Esponda, I., D. Pouzo, and Y. Yamamoto (2019): "Asymptotic Behavior of Bayesian Learners with Misspecified Models," Working Paper.

Fudenberg, D., G. Romanyuk, and P. Strack (2017): "Active Learning with a Misspecified Prior," *Theorectical Economics* 12, 1155–1189.

Gallant, A. R. and H. White (1988): *A Unified Theory of Estimation and Inference for Nonlinear Dynamic Models*, Blackwell, New York.

Heidhues, P., B. Kőszegi, and P. Strack (2018): "Unrealistic Expectations and Misguided Learning," *Econometrica* 86, 1159–1214.

Hoffman, M. and S.V. Burks (2020): "Worker Overconfidence: Field Evidence and Implications for Employee Turnover and Firm Profits," *Quantitative Economics* 11 (1), 315–348.

Huffman, D., C. Raymond, and J. Shvets (2019): "Persistent overconfidence and biased memory: Evidence from managers," Working Paper.

Kyle, A. S. and F. A. Wang (1997): "Speculation Duopoly with Agreement to Disagree: Can Overconfidence Survive the Market Test?," *Journal of Finance*, 52 (5), 2073–2090.

Molavi, P. (2020): "Macroeconomics with Learning and Misspecification:

A General Theory and Applications," Working paper.

Murooka, T. and Y. Yamamoto (2021): "Multi-Player Bayesian Learning with Misspecified Models," Working paper.

Nyarko, Y. (1991): "Learning in Mis-Specified Models and the Possibility of Cycles," *Journal of Economic Theory*, 55, 416–427.

White, H. (1982): "Maximum Likelihood Estimation of Misspecified Models," *Econometrica*, 50, 1–25.

著者紹介

山本　裕一

2004年　東京大学経済学部卒業

2006年　東京大学大学院経済学研究科修士課程修了

2009年　ハーバード大学大学院修士課程修了

2011年　ハーバード大学大学院博士課程修了

現在　　一橋大学経済研究所准教授

　　　　元・三菱経済研究所研究員

ベイズ学習とバイアス
—自信過剰な人は得をするか？—

2021年 3 月22日　発行

定価　本体1,000円＋税

著　　者　　山本裕一（やまもと ゆういち）

発 行 所　　公益財団法人　三菱経済研究所
東京都文京区湯島4-10-14
〒113-0034 電話(03)5802-8670

印 刷 所　　株式会社　国際文献社
東京都新宿区山吹町332-6
〒162-0801 電話(03)6824-9362

ISBN 978-4-943852-80-3